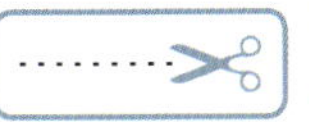

점선을 따라 한 매씩 분리합니다.
책 뒤쪽에 있는 부록을 사용하세요.

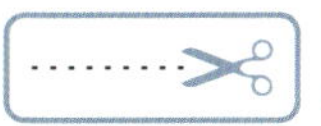

점선을 따라 한 매씩 분리합니다.
책 뒤쪽에 있는 부록을 사용하세요.

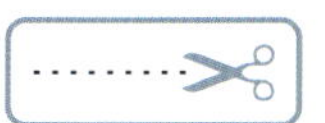

점선을 따라 한 매씩 분리합니다.
책 뒤쪽에 있는 부록을 사용하세요.

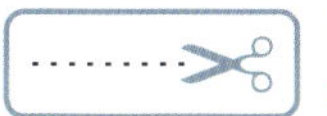
점선을 따라 한 매씩 분리합니다.
책 뒤쪽에 있는 부록을 사용하세요.

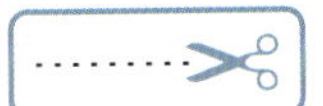

점선을 따라 한 매씩 분리합니다.
책 뒤쪽에 있는 부록을 사용하세요.

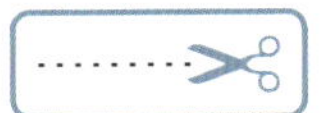
점선을 따라 한 매씩 분리합니다.
책 뒤쪽에 있는 부록을 사용하세요.

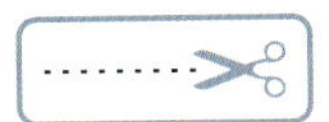

점선을 따라 한 매씩 분리합니다.
책 뒤쪽에 있는 부록을 사용하세요.

점선을 따라 한 매씩 분리합니다.
책 뒤쪽에 있는 부록을 사용하세요.

점선을 따라 한 매씩 분리합니다.
책 뒤쪽에 있는 부록을 사용하세요.

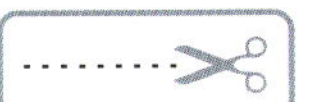

점선을 따라 한 매씩 분리합니다.
책 뒤쪽에 있는 부록을 사용하세요.

　　부모라면 누구나 다 소중한 자녀를 안전하게 보호하고 싶을 것입니다. 언제 어떤 사건에 휘말릴지 모르는 험난한 시대를 살아가는 부모의 마음은 항상 불안하고 초조합니다.

　　아이를 조금이라도 더 안전하게 보호해 주려면 아이의 신변에 일어날 수 있는 온갖 종류의 일을 최대한 상상해서 대응책을 마련해 두는 것이 필요합니다. 아이 자신은 물론 가정의 차원에서 '위험 의식'을 갖는 것이 '위험 관리'와 곧바로 연관됩니다.

　　'피해를 당하는 일이 일어나지 않기를' 하고 마음속으로만 간절히 바랄 것이 아니라 구체적으로 준비를 해 두는 것이 좋습니다. 마음의 각오와 확실한 준비, 예방책을 생각하고 있는 부모와 그렇지 않은 부모는 만에 하나 위험한 사태가 발생했을 때 대응하는 태도가 다릅니다.

　　'우리 아이는 우리가 지킨다'라고 결심하고 있는 부모라면 아이 역시 안심하고 건강하게 성장하며, 설령 어떤 위험에 부닥뜨렸다 해도 야무지게 극복할 수 있을 것입니다.

　　이 책에서는 굳이 아이들의 나이나 이해 수준을 규정하지 않았습니다. 우선 부모가 이 책을 끝까지 읽고 내용을 확실하게 이해해 주시기 바랍니다. 그리고 아이의 성격이나 성장 단계에 맞게 아이에게 적합한 말로 풀이해서 들려 줌으로써 잘 이해할 수 있도록 합시다. 아이는 '위험 관리'의 포인트를 한 소절씩 외워 감으로써 안전 의식이 몸에 배어 위험을 피할 수 있게 될 것입니다.

　　이 책으로 우리 모두가 소중한 아이를 건강하고 안전하게 지킬 수 있게 되었으면 좋겠습니다.

지은이

■ □ ■ □ ■ 안전 예절 카드 사용법 □ ■ □ ■ □

먼저 카드를 점선을 따라서 한 매씩 절단합니다. 읽는 카드와 잡는 카드의 두 팀으로 나누어 주십시오.

● 게임 방법 1

3인 이상이 참여한다

① 잡는 카드를 모두 글씨가 쓰여 있는 쪽을 위쪽으로 해서 집어들기 쉬운 장소(예를 들면 카펫 위 등)에 넓게 펼쳐놓습니다.

② 다른 두 명 이상은 한 사람이 읽어 준 것과 같은 내용의 카드를 재빠르게 집어듭니다.

③ 마지막까지 다 읽어 주고 나면 가장 많은 카드를 잡은 사람이 승자가 됩니다.

● 게임 방법 2

트럼프의 신경 쇠약 게임처럼 한다. 2인 이상이 게임한다.

① 읽는 카드와 잡는 카드를 모두 글씨가 쓰여 있는 쪽을 밑으로 하여 적당한 장소(카펫 위나 테이블 위 등)에 넓게 펼쳐놓습니다.

② 순서를 정해서 제일 처음 사람이 자기가 좋아하는 카드를 한 장 선택해서 표시합니다.

③ 이어서 그 사람이 처음에 표시한 카드와 같은 글씨가 쓰여 있다고 생각되는 카드에 표시를 합니다.

④ 같은 카드가 나오면 두 장 모두 자신의 것이 됩니다.

⑤ 다른 카드가 나올 때까지 계속해서 반복합니다.

⑥ 다른 카드가 나오면 처음에 표시한 카드와 함께 두 장 모두를 뒤집어서 원래 있던 장소에 되돌려 놓습니다.

⑦ 다음 순서의 사람이 자신이 좋아하는 카드를 표시합니다.

⑧ 그 다음은 ④~⑦까지의 순서를 되풀이합니다.

⑨ 가장 많은 카드를 가진 사람이 승자가 됩니다.

● 게임 방법 3

카드에 쓰여 있는 말을 대략 외우고 나서 게임한다. 2인 이상이 참여해야 한다.

① 읽는 카드, 잡는 카드 상관 없이 한 조의 카드를 준비합니다.

② 한 사람이 카드를 가지고 한 장씩 첫머리의 글자만을 읽습니다.

③ 다른 한 사람은 그 말로 시작되는 카드 다음에 쓰여 있는 말을 기억해서 그 내용을 말합니다.

④ 카드에 쓰여 있는 내용을 그대로 말하면 말한 사람이 그 카드를 가집니다.

⑤ 만일 제대로 암기하지 못해 내용이 틀리면 카드를 읽은 사람이 가집니다.

⑥ 카드를 전부 읽었을 때 내용을 제대로 암기한 카드의 숫자를 헤아립니다.

⑦ 몇 장을 얻었는지(몇 개의 내용을 모두 암기했는지)를 기록해 둡니다. 전부 외울 수 있을 때까지 해 봅시다.

＊ 이 게임은 카드를 읽어 주는 사람 외에 두 사람 이상이라도 게임을 할 수 있습니다. 카드의 첫 문장을 읽어 주었을 때 그 다음 문장을 외우고 있는 사람이 먼저 손을 들어서 대답할 수 있습니다. 읽어 주는 사람이 가지고 있는 카드와 같은 내용을 이야기할 수 있는 사람이 그 카드를 갖습니다. 가장 많은 카드를 가진 사람이 승자가 됩니다.

차 례 엄마와 아이가 꼭 알아야 할 필수 안전 수칙 38가지

인 물

금 품

방범·방화

엄마와 아이가 꼭 알아야 할

필수 안전 수칙 38가지

사에키 유키코 지음 | 정인영 옮김

아카데미북

자전거를 탈 때는 주위를 둘러본다

바퀴가 달린 놀이 기구를 타는 어린이들은 주의를 자전거나 장난감 자동차 등 바퀴가 달린 놀이 기구를 타는 어린이들은 주의를 기울일 필요가 있습니다.

자전거를 탄 어린이가 갑자기 도로에 뛰어드는 경우가 자주 있습니다. 실제로 놀이에 열중하다가 무심코 도로에 뛰어들어 사고가 날 뻔한 경험이 한두 번씩은 있을 것입니다. 우선 자전거에는 백미러가 없기 때문에 뒤에서 다가오는 다른 자전거나 자동차 등을 알아차리지 못하며, 타고 있는 채로 갑자기 방향을 바꾸거나 멈춰서기 때문에 자동차와 추돌할 뻔한 경우도 있습니다. 위험을 느낀다면 헤매지 말고 안전한 장소에 멈춰서서 주위를 잘 둘러보고 나서 다시 타는 습관을 길러야 할 것입니다.

자전거를 탈 때의 포인트

1. 자전거나 세발자전거를 타고 놀 때는 도로에 뛰어들지 않습니다.

2. 뒤쪽에서 자동차가 접근해 오는 것에 주의합니다. 또 갑자기 회전하거나 멈추지 않도록 합니다.

3. 혼자서 놀 때는 부모의 눈길이 미치는 안전한 장소에서 놉니다.

4. 멀리 갈 때는 도중의 교통 정보를 부모와 아이가 확인하면서 갑니다. 접근해 오는 차량이나 인물에 주의합니다.

지나는 길의 폭력

어떤 남자 아이가 자전거를 타고 노는데 누군가 갑자기 뒤에서 머리를 때린 사건이 있었습니다. 순간적으로 발을 땅에 디뎠기 때문에 넘어지지는 않았지만 쳐다보니 남자 어른이 자전거를 타고 지나가고 있었습니다. 자동차도 다니고 있고 사람들도 지나가고 있었지만 순식간의 일이라서 누구도 알아차리지 못했던 것입니다.

또 작고 귀여운 남자 아이가 집 앞에서 혼자 세발자전거를 타고 놀고 있을 때 지나가던 남자가 갑자기 세발자전거를 발로 차는 바람에 그만 쓰러져 버린 일도 있었습니다. 울음소리를 듣고 달려온 엄마는 주위의 상황을 보고 '혼자 자전거를 타다가 굴렀나 보다' 하고 생각했습니다. 그런데 뜻밖에도 아이가, "모르는 아저씨가 발로 찼어요." 하는 것이었습니다.

혼자서 노는 어린아이는 표적의 대상

어린아이가 혼자서 놀 때는 주의해야 할 것이 몇 가지 있습니다. 우선 집 앞이나 주위의 상황을 잘 파악한 뒤에 가능하면 부모의 눈길이 미치는 범위의 안전한 장소를 선택하도록 합시다. 친구의 집에 갈 때는 길을 부모가 확인하고 사람이나 차의 교통량, 특히 실제로 지나가는 그 시간대의 상황을 봐 두면 좋겠지요? 자전거를 타고 다닐 때는 특히 주의해야 할 점, 구부러진 길이나 코너, 교차점, 신호가 없는 십자로 등은 반드시 멈추어 서서 앞뒤와 좌우를 살피고 자신에게 다가오는 자동차나 자전거, 사람 등을 빨리 파악하도록 신경을 씁니다.

여자 아이 혼자서 길을 걸으면 위험해요

어린아이라는 이유만으로 폭력의 대상이 되는 경우가 종종 있습니다. 작아서 저항할 수 없기 때문입니다. 이유 없이 폭력을 휘두르는 어른이 있는가 하면, 나이가 어린데도 난폭한 아이가 있습니다. 부모나 어른의 눈이 미치지 못하는 장소에서는 특히 피해를 보기 쉬우므로 가능하면 혼자서 걷는 것을 피합시다.

어떤 여자 아이가 친구 집에서 돌아오는 길에 혼자 걷고 있었는데 앞에서 자전거를 타고 오던 남자가 갑자기 가슴을 만졌습니다. 여자 아이는 너무도 순간적으로 생긴 일이기 때문에 아무 말도 못하고 어떤 행동도 취할 수 없었습니다. 아프기도 했지만 그보다 충격이 더 컸습니다. 집에 돌아온 딸에게서 이야기를 들은 엄마는, 세상에는 여자 아이를 괴롭히는 어른들, 즉 치한이 있다는 것과, 지금보다 더 성장하면 더 심한 경우를 당할 수도 있다고 가르쳤습니다. 깜짝 놀라는 딸에게 엄마는 다음과 같이 이야기해 주었습니다.

"하지만 그런 일이 있다고 알고 있으면 그렇게 되지 않도록 준비할 수 있는 거야. 가까이 다가오는 사람을 주의 깊게 보고 조금이라고 이상한 분위기를 느꼈을 때는 빨리 안전한 장소를 찾아서 피해야 해. 스쳐 지나가는 사람에게 이상한 일을 당하지 않도록 주의하면서 걷도록 해."

아무것도 생각하지 않는 것보다는 그런 생각을 하고 있는 것만으로도 위험한 상황을 막을 수 있다고 교육 받은 여자 아이는 그 뒤로 길을 걸으면서 스쳐 지나가는 사람에게 신경을 써서 걷게 되었습니다. 그 결과 두 번 다시 이상한 경우를 만나지 않게 되었다고 합니다.

조금이라도 이상한 사람에게는 가까이 가지 마세요

이상한 모습의 사람에게는 가까이 가지 않는 것이 원칙이지만 맞은편에서 다가오거나 자전거를 타고 스쳐 지나가는 사람은 어떻게 하면 좋을까요? 이런 경우도 생각해 두어야 합니다. 걸을 때는 앞을 잘 보고, 낯선 남자가 다가올 때는 가능하면 안전한 장소에서 멈추어 서서 지나가게 내버려둡니다. 가방 같은 것이 있으면 몸의 앞쪽으로 껴안아서 자신의 몸을 지키도록 합시다. 도로를 걸을 때는 자신에게 다가오는 사람에게 신경을 써서 만일 피하는 것이 좋다고 판단되면 가능한 한 그 사람에게서 떨어지도록 신경을 씁시다.

탈 것을 타고 놀 때의 Q&A

Q1 세발자전거나 자전거를 탈 때 주위를 잘 보고 있습니까?

Q2 구부러진 코너에서는 멈추어 섭니까?

Q3 이상한 사람이 다가오면 어떻게 합니까?

A1 자동차나 사람이 다니는 모습에 주의합니다.

A2 구부러진 길이나 코너에서는 갑자기 차나 사람이 나타나는 경우가 있습니다. 뛰어들지 않도록 신경을 씁시다.

A3 빨리 알아차려서 안전한 장소로 피하고, 지나가게 내버려둡시다.

방범 버저*로 치한의 피해를 예방한다

* 호신용 경보기라고도 하며, 누르면 소리가 난다. 호루라기를 대신 사용해도 된다

—— 이것만은 꼭 기억해 주세요!

작은 여자 아이도 치한의 목표 어린아이도 전철이나 버스로 학교에 가게 되는 경우가 있습니다. 작고 여린 몸에 큰 책가방이 무거운 듯하지만 보고 있노라면 너무 귀여워서 저절로 미소가 떠오르게 되지요. 그런데 그런 작고 사랑스러운 아이에게도 비열한 행위를 하는 남자들이 있습니다.

만일 실제로 치한을 만났다면 큰소리를 내거나, "이 사람 치한이야!" 하고 소리쳐서 상대를 꼼짝 못하게 하면 좋겠지만 그것은 쉽지 않은 일이라고 생각될 것입니다. 여자 아이가 치한을 만나지 않게 하기 위한 연구도 필요하지만, 치한을 만났을 때는 용기를 내서 소리를 질러 주위 사람들에게 알리는 것이 가장 중요합니다.

치한 대책 포인트

1. 전철역의 플랫폼에 있을 때는 수상한 남자에게 주의를 기울여 절대로 가까이 다가오지 못하도록 경계합니다.

2. 전철역의 플랫폼에서는 여성이 많은 줄에 서고, 전철 안에서도 가능하면 여성 곁에 서도록 합니다.

3. 치한은 용기와 비명으로 대처합니다. 가만히 있는 것은 치한을 용서하는 행위이며, 또다른 피해를 유발시키는 원인이 됩니다.

4. 소리를 칠 자신이 없으면 방범 버저를 이용합니다. 용기를 내서 비명으로 대처합니다.

'치한이다!' 라는 말이 나오지 않는다

매일 아침 전철을 타고 학교에 가는 여학생이 있었습니다. 아침 출근 시간대에는 전철이 복잡하기 때문에 매우 이른 시간에 집을 나섰고, 돌아올 때는 그날그날의 수업 시간에 따라 달랐습니다.

그날 아침에도 다른 날과 마찬가지로 전철을 탔는데 엉덩이에 이상한 느낌을 받았습니다. 누군가가 더듬고 있는 것이었습니다. 깜짝 놀라서 주위를 살펴보니 뒤에 서 있는 남자가 시치미를 떼며 창밖을 내다보고 있었습니다. 다른 사람들은 의자에 앉아 꾸벅꾸벅 졸거나 신문을 읽는 등 저마다 다른 모양이었습니다. 여자 아이는 착각했나 싶어서 그대로 서 있었습니다. 그런데 승객이 점점 늘어나 서로 눌리고 밀치게 되자 다시 엉덩이를 더듬는 것이었습니다. 어머니에게서 "전철 안에는 가끔 다른 사람의 몸을 더듬는 나쁜 사람이 있단다. 그런 사람을 만나면 가만히 있지 말고 주위 사람들에게 알려야 해."라는 주의 사항을 들었지만 소리를 지르기가 어려웠습니다.

용기 있는 대처가 좋은 결과를 가져온다

전철이 역에서 덜컹 하고 멈췄습니다. 여자 아이는 자신을 더듬던 사람이 뒤에 있는 남자라는 것을 알고 있었습니다. 남자가 내리려고 했을 때 여자 아이는 무심코 남자의 웃옷을 움켜잡았습니다. 남자는 뒤돌아보면서 여자 아이의 손을 뿌리치려 했지만 여자 아이는 손을 놓지 않았습니다. 그러자 앞좌석에 앉아 있던 중년 여성이 "왜 그래? 무슨 일 당했어?" 하면서 자리에서 일어섰습니다. 여자 아이는 고개를 끄덕였습니다. 그 중년 여성은 여자 아이를 비호하듯 남자의 상의를 움켜잡고는 큰 소리로 "여러분! 이 사람은 치한입니다. 도망치지 못하게 해 주세요!"라고 외쳤습니다. 결국 여러 명이 달려들어 남자를 역무원에게 인계할 수 있었습니다. 여자 아이는 엄마에게 배운 대로 소리를 지르지는 못했지만 상의를 움켜잡고 "이 남자 범인이에요."라고 알릴 수는 있었습니다. 가까이 있던 여성이 도움을 준 것은 행운이있습니다.

치한을 피할 수 있는 몇 가지 방법

치한의 피해를 입지 않기 위해서는 전철을 탈 때 가능하면 여성의 옆에 서도록 합시다.

전철 역 플랫폼에서 전철을 기다릴 때는 먼저 주위를 살펴서 수상한 사람이 있는지 확인하고, 차례대로 전철을 탈 때도 가능하면 여성이 많은 줄에 서도록 합시다. 실제로 치한이 있을 때는 소리를 치는 것이 꽤 어려운 법입니다. 그럴 경우 방범 버저를 가지고 있는 것도 효과가 있는 방법입니다. 치한이 있을 때 버저를 울리면 된다고 생각하면 어쩐지 마음이 편안해지고 용기가 생기겠지요? 전철에 타기 전이나 타고 난 뒤에도 항상 주변에 신경을 쓰면 치한의 피해는 확실히 줄어듭니다. 항상 방범 버저를 가지고 다니는 것과 함께 이런 것도 습관이 되면 좋겠지요.

다른 피해자가 나오지 않게 하기 위해서

여성을 괴롭히는 치한이 어떤 사람인지를 한눈에 알아볼 수는 없습니다. 그러나 그 행위가 범죄라는 것은 틀림없는 사실입니다. 이런 비열한 사람을 용서하면 그 사람은 또다시 다른 여성에게 같은 짓을 되풀이하게 될 것입니다.

어린아이에게 치한 행위를 하는 남자는 가장 나쁜 사람입니다. '어린아이니까 뒤쫓아오지는 않을 거야' 라고 생각하고 있을지도 모릅니다.

어린아이라도 만일 치한에게 모욕을 당했을 때는 주위의 어른들에게 협조를 구해서 경찰에 신고를 한다면 다음 피해자가 생기는 일을 막을 수 있습니다. 치한을 용서하지 않는다는 마음가짐을 가지고 있으면 만일의 경우 피해를 당하더라도 확실하게 대응할 수 있게 됩니다. 평상시의 마음가짐이 매우 중요합니다.

치한의 피해를 당하지 않기 위한 Q&A

Q1 전철이나 다른 탈 것을 혼자서 탈 때는 방범 버저를 가지고 있는 편이 좋습니까?

Q2 전철 등을 탈 때는 남자가 많은 장소에 줄을 섭니까?

Q3 어린아이니까 치한의 피해를 당하지 않을 것이라고 생각합니까?

A1 치한에게 당했을 때 소리를 크게 지르지 않아도 방범 버저 소리로 상대방에게 그만두라고 경고할 수 있습니다.

A2 가능하면 주위에 여성이 많은 곳에 줄을 서면 치한의 피해를 예방할 수 있습니다.

A3 어린아이라도 치한에게 피해를 당할 수 있습니다. 혼자 있을 때 신경을 쓰도록 합시다.

엘리베이터를 타기 전에 주위를 확인한다

엘리베이터는 밀실이 된다 일단 타고 나면 완전한 밀실 상태가 되고 마는 엘리베이터에서는 함께 탄 사람이 불쾌한 말을 건네거나 성적으로 짓궂은 일을 할 수도 있습니다. 어린아이도 그 표적이 될 수 있으므로, 혼자서 타지 않도록 하며, 설령 친구와 함께 있더라도 모르는 남자와는 함께 타지 않도록 주의시킬 필요가 있습니다.

타기 전에 주위를 잘 둘러보아서 옆에 수상한 사람이 있는지 확인하고, 타고 나면 곧바로 버튼을 누를 수 있는 위치에 서는 등 세심한 주의를 기울이도록 잘 가르칩시다.

엘리베이터를 탈 때의 포인트

1. 혼자서 엘리베이터에 탈 때는 타기 전에 주위를 살펴보고 이상한 사람이 있는지 확인합니다.

2. 엘리베이터의 문이 열려도 곧바로 내리거나 타지 않도록 합니다.

3. 엘리베이터에 타면 언제라도 누를 수 있도록 버튼 옆에 섭니다.

4. 엘리베이터 문이 열려서 내릴 때도 밖의 상황을 잘 살펴보고 내리도록 합니다.

혼자서 탈 때는 주위를 잘 둘러본다

엘리베이터는 밀실입니다. 그러므로 평상시에 비상 단추를 누르면 사람이 응답하는지 잘 점검해 두어야 합니다. 또 방범 카메라가 설치되어 있는지 확인해 둡니다.

연립이나 빌라 같은 공동 주택은 일층의 보이지 않는 구석진 곳에 우편함이나 비상구, 비상 계단, 주차장, 자전거 보관소 등이 있습니다. 그런 곳이 사각 지대가 될 확률이 큽니다. 방치되기 쉬운 장소에 신경 쓰지 않으면 그곳에 숨어 있던 사람이 가끔 나쁜 일을 계획하고 함께 엘리베이터를 탄다거나 무서운 일을 저질러 피해를 당할 수도 있습니다.

엘리베이터에 혼자 탈 때는 타기 전에 주위를 잘 살펴보고 수상한 사람이 있는지를 확인하는 습관을 가집시다.

모르는 사람과 함께 탈 때는 그 사람이 행선지 버튼을 누르고 난 뒤에 누르도록 합시다. 곧바로 누르지 않을 경우에는 "몇 층 가시죠?"라고 물어보는 것도 좋겠지요. 왜냐하면 내가 먼저 누른다면 우리 집의 층 수를 알려 주는 것이 되기 때문입니다.

집의 층 수를 노출시키지 않고 싶으면 그 사람이 내리고 나서 버튼을 누릅시다. 또 혼자서 타고 내릴 때는 버튼을 눌러서 엘리베이터를 1층으로 되돌려 놓읍시다.

문이 열려도 바로 타거나 내리지 않는다

엘리베이터의 문이 열리는 즉시 타거나 내리지 않습니다.

문이 열렸는데도 엘리베이터가 정지선에서 벗어나서 발을 내딛는 순간 추락한 경우가 있습니다. 또 엘리베이터 안에 사람이 없으리라고 생각했는데 누군가 타고 있어서 깜짝 놀라 그 사람과 부딪치는 경우도 있고, 함께 타고 싶지 않은 사람과 타게 되는 경우가 생길지도 모릅니다. 문이 열려 있어도 곧바로 타지 말고 안을 잘 살펴서 수상한 사람이 없는지 확인하고 탑시다. 문이 열려서 내릴 때도 밖의 상황을 잘 살펴보고 나서 내리는 습관을 붙입시다.

곧바로 누를 수 있도록 버튼 옆에 선다

엘리베이터에 타면 언제라도 버튼을 누를 수 있도록 버튼 옆에 섭시다.

또 엘리베이터에 타고 있을 때 중간에 탄 남자가 내 쪽을 유심히 보거나 이상한 말을 걸어오는 경우가 있으면 곧바로 1층 가까운 계단의 버튼을 눌러서 재빠르게 내립시다.

실제로 이상한 일을 당하면 비상 버튼이나 가능하면 많은 버튼을 누릅시다. 문이 열리는 횟수가 많을수록 도망칠 기회가 늘기 때문입니다.

문이 열리면 큰 소리로 도움을 청하도록 마음의 준비를 해 둡시다.

모르는 남자와는 함께 타지 않는다

엘리베이터에 타고 있는 동안에 모르는 남자가 팔을 잡거나 몸을 건드리거나 남들에게 보여서는 안 되는 신체의 일부를 내보이는 경우가 있습니다. 그런 일을 당하지 않도록 가능하면 모르는 남자와는 함께 타지 않도록 합시다.

모르는 사람과 함께 탔는데 기분이 나쁘다고 생각되면 다음 엘리베이터로 바꾸어 탈 수 있도록 내립시다. 엘리베이터에서 충분히 거리를 두고 떨어져서 상황을 살펴보고 함께 내리지 않는다는 것을 확인하고 난 뒤 다음 엘리베이터도 잘 살펴보고 수상한 사람이 있는지 없는지를 확인하고 탑시다.

가능하면 여자들과 함께 타기 위해 잠깐 기다리는 것도 좋겠지요.

엘리베이터를 탈 때의 Q & A

Q1

엘리베이터를 탈 때는
주위를 잘 살펴보고
탑니까?

Q2

모르는
사람과 함께
탈 경우에는
구석 쪽에
섭니까?

Q3

이상한
사람이라고
생각되면
곧바로 내릴
수 있도록
어떤 버튼을
누릅니까?

A1 누군가가 따라서 타는지 여부를 확인하기 위해서 주위를 잘 살펴보고 나서 타도록 합시다.

A2 곧바로 버튼을 누를 수 있도록 문 옆에 버튼이 가까운 위치에 탑시다.

A3 가장 가까운 층계의 버튼을 누릅시다.

주차장 차 뒤에 사람이 있다

—— 이것만은 꼭 기억해 주세요!

인기척이 없는 주차장의 위험 공동 주택의 주차장은 일반적으로 1층이나 건물의 뒤쪽 또는 북쪽에 있습니다. 대체로 넓어서 인기척이 없고 어린아이들이 놀고 있어도 부모의 눈길이 닿지 않는 장소가 많이 있습니다. 또한 차의 출입이 가능하기 때문에 어떤 다른 목적을 가진 사람이 들어오려고 마음먹으면 거주자 이외에도 자유롭게 출입할 수 있습니다. 아이들은 이런 장소를 놀이의 공간으로 이용하는 경우가 자주 있고, 놀이에 열중하다 보면 가까이 접근해 오는 수상한 사람을 의식하지 못하는 경우가 있습니다. 그런 아이들이 변태자에게는 가장 좋은 목표가 됩니다.

주차장 같은 곳에서 놀 때의 포인트

1. 사람의 눈이 미치지 않는 주차장에서는 놀지 않도록 합니다. 차도 위험하지만 수상한 사람에 의한 피해도 큽니다.

2. 수상한 사람이 가까이 접근해 오면 곧바로 그 장소를 빠져나와 사람들이 있는 곳이나 집으로 피합니다.

3. 위험한 일을 당했을 때는 곧바로 부모에게 알리도록 철저하게 교육시킵니다(부모는 방범 위치를 잘 파악해 두어야 합니다).

4. 엘리베이터 이외에도 공동 주택의 사각 지대가 될 수 있는 장소에는 감시 카메라를 설치합니다.

어린 여자 아이에게 뻗치는 마의 손

어린 여자 아이 두 명이 주차장에서 놀고 있을 때 차 뒤에 가려서 보이지 않았던 남자가 다가왔습니다. "뭐하고 있니?" 하고 큰 목소리로 물으면서 두 아이의 옆에 다가와 함께 쭈그리고 앉았습니다. 갑자기 가까이 다가왔기 때문에 당황해서 남자를 흘끗 쳐다보았을 뿐 더 이상은 말을 걸어오지 않았기 때문에 여자 아이들은 모르는 척하고 있었습니다.

그런데 남자가 갑자기 한 여자 아이의 뒤로 손을 뻗치더니 짧은 치마 속에 손을 넣고 엉덩이를 세게 움켜쥐었습니다. 순식간에 일어난 일이라 여자 아이는 소리도 지르지 못하고 깜짝 놀라서 남자를 쳐다보았습니다.

다른 여자 아이가 벌떡 일어서서 친구에게 "저쪽으로 가자."고 말했습니다. 그런데 남자는 "너는 오지 마." 하면서 그 아이를 떼어놓고 다른 여자 아이의 어깨를 잡고 건물 뒤쪽으로 데리고 가려고 했습니다. 도움을 청하려고 뒤돌아 보려 했지만 남자의 힘이 워낙 세서 움직일 수가 없었습니다. 납치된다고 느낀 여자 아이가 "안 돼. 그만둬!" 하고 소리쳤습니다. 남자를 멈추게 하려고 필사적으로 옷을 붙잡고 "안 돼! 안 돼!" 하고 계속 큰 소리를 질렀습니다. 남자가 아이의 손을 뿌리치려고 하는 틈에 여자 아이는 간신히 남자에게서 벗어났습니다. 두 아이는 손을 잡고 급하게 바깥쪽으로 달렸고, 다행히 그 남자는 더이상 쫓아오지 않았습니다. 아이는 온 힘을 다해 집으로 도망쳐 가서 엄마에게 방금 일어난 일을 알렸습니다.

사각 지대를 없애는 대책을 세운다

엄마는 그 사실을 곧 경찰에 알렸습니다. 게다가 엄마는 건물 관리 조합에서 일을 하고 있었기 때문에 즉시 그 사건을 관리 사무실에 알렸고, 다음 정기 모임에서 문제를 제기했습니다.

주차장은 건물 뒤쪽에 있기 때문에 1층 관리실에서는 보이지 않습니다. 완전한 사각 지대입니다. 근처에서도 젊은 남자가 어린 여자 아이에게 나쁜 짓을 한 사건이 몇 번이나 더 있었다는 사실을 전해들은 관리인들은 주차장에서 아이들이 놀지 못하도록 순찰을 하게 되었습니다. 또한 엘리베이터에는 방범 카메라가 달려 있지만 단지 안에는 의외의 사각 지대가 있다는 것을 인식, 방범 카메라를 설치해서 관리실에서 언제라도 주차장의 상태를 볼 수 있도록 했습니다.

자동 잠금 장치가 되어 있는 아파트 같은 경우에도 주차장 출입은 자유스런 경우가 있습니다. 건물의 뒤쪽은 남들의 눈이 미치지 않는 위험한 장소라고 알아둡시다.

위험한 경우를 당했을 때는 어떻게 처리해야 하는가?

어린아이들은 놀이에 열중하면 가까이 접근하는 사람에게 신경을 쓰지 못하는 경우가 있습니다. 부모나 보호자의 눈이 닿지 않는 곳에서 놀고 있더라도 때때로 주위를 둘러보는 습관을 들이도록 지도합니다.

이 사건처럼 남들의 눈이 닿지 않는 곳에서 모르는 남자가 접근해 왔을 때는 곧바로 그곳을 떠나도록 가르칩시다. 그리고 언제라도 사람을 부르거나 도망치는 것을 염두에 두고 놀 수 있도록 알려 줍시다. '이곳에서는 저쪽으로 도망치면 되겠네' 라고 생각하고 있다면 만일의 경우를 당하더라도 재빨리 그곳을 빠져나올 수 있습니다.

만일 무서운 일이 일어났다면 반드시 부모에게 알리도록 해야 합니다. 가만히 있으면 또다른 피해자가 나올 가능성이 있기 때문입니다. 그리고 어린아이가 위험에 처했을 때 부모는 아이를 꾸짖어서는 안 됩니다. 아이가 조심하지 못한 것이 아니라 그 사람이 나쁜 일을 했기 때문입니다.

어린아이에게는 충격적인 사건이라 하더라도 그것을 알림으로써 다른 아이가 같은 피해를 당하지 않도록 도움을 줄 수 있다는 식으로 용기를 북돋워 줍시다.

무엇보다 우선 어린아이의 기분을 확실하게 풀어 주는 것이 충격을 완화하는 가장 좋은 방법입니다.

주차장에서 놀 때의 Q & A

Q1

왜 주차장에서 놀면
안 되나요?

Q2

살고 있는
곳의 큰
주차장에는
방범
카메라가
설치되어
있습니까?

Q3

무서운
일이나 싫은
일을 당했을
때에는
부모님에게
알리지 않는
편이
좋을까요?

A1 차에 가려서 자동차에 치일 수도 있습니다. 모르는 사람에게 불쾌한 일을 당할 수도 있습니다.

A2 방범 카메라가 있어도 안전하다고 단언할 수 없지만 그것마저 없는 경우는 더 위험합니다.

A3 반드시 알려야 합니다. 누구보다 걱정하고 있는 가장 가까운 사람은 부모님입니다. 이야기하는 것만으로도 마음이 편해집니다.

놀이터에서 지켜보는 어른을 주의하라

공원에서는 어린아이 혼자 놀게 해서는 안 됩니다 어린아이가 공원에서 놀 때는 어머니들이 교대로 주의 깊게 감시하는 등 반드시 어른들이 옆에 있는 것이 중요합니다.

물론 아이들이 밖에서 놀 때도 혼자서 놀게 하지 않는 것이 철칙입니다. 막힘 없이 탁 트인 공간이거나 공원이기 때문에 괜찮다고 방심하고 어머니들끼리 안심하고 수다를 떨다 보면 아이들이 위험한 일을 당해도 알아차리지 못합니다.

또 보호자 없이 혼자서 놀고 있는 어린아이를 발견하면 주위의 어른들이 신경을 써 주도록 합시다.

공원에서 놀 때의 포인트

1. 공원에서는 어린아이 혼자 놀게 해서는 안 됩니다. 반드시 어른이 교대로 아이에게서 눈을 떼지 않도록 합니다.

2. 공원 내의 눈에 보이지 않는 어른들도 주의합니다. 거동이 수상한 사람이 있으면 그 행동을 잘 살펴봅니다.

3. 공원의 화장실을 이용할 때는 개인 화장실 안을 점검합니다. 비상 버튼과 잠금 고리 상태도 조사합니다.

4. 공원의 구석진 곳에 있는 화장실에는 특히 주의를 기울여야 합니다. 어린아이 혼자 화장실에 가지 않게 해야 합니다.

놀이터나 공원에는 어린아이에게 불쾌한 사람도 있다

어머니들끼리 이야기에 열중한 나머지 아이에게서 눈을 떼는 순간이 많습니다. 어린아이들이 놀이 기구에서 떨어져 상처를 입을 위험이 있으므로 어머니들은 서로 이야기를 나누더라도 반드시 아이들이 있는 쪽으로 몸을 향하고 이야기하도록 합니다. 또 여러 사람이 이야기하고 있을 때도 누군가가 반드시 주의해서 아이들을 살피는 습관을 붙입시다.

그리고 공원 내에 있는 어른들에게도 신경을 씁시다. 낮잠을 자고 있는 사람, 수다를 즐기고 있는 사람 등 아이를 동반하지 않은 사람들도 공원에는 많이 있습니다.

그중에는 아이들이 싫어하는 사람이 있을 수도 있습니다. 카메라를 가지고 아이들의 모습을 쫓는 남자나, 밝은 대낮인데도 행동이 수상한 사람이 있을 수 있습니다. 낯선 사람, 모습이 이상한 사람이 있다면 이쪽에서 감시하고 있다는 것을 눈치채지 않는 범위 내에서 잘 관찰합시다. 메모나 일기 같은 것을 이용해서 기록해 두어도 좋겠지요.

공원의 화장실을 사용할 때는 주의한다

공원의 화장실에는 수상한 인물이 잠복해 있는 경우가 있기 때문에 이용할 때는 반드시 개인 화장실을 전부 확인할 필요가 있습니다.

만일의 사태에 대비하기 위해서는 어른이 미리 비상 버튼이 있는지, 잠금 고리 상태가 정상인지 조사해서 알려 주면 좋겠지요. 화장실 건물을 멀리에서 지켜보고 있다 해도 내부까지 들여다볼 수는 없습니다. 또 대부분 공원의 화장실은 구석진 곳에 위치한 경우가 많기 때문에 어린이를 데리고 왔는데 사라져 버리는 경우가 있을 수도 있습니다. 들어갈 때는 눈여겨보고 있었다고 해도 나올 때를 정확하게 알 수 없기 때문에 위험합니다.

어디론가를 향해 가는 뒷모습을 보았는데 돌아오지 않는 어린아이가 많습니다. 가까운 곳이나 집 근처에 있어도 반드시 어린아이가 돌아오는 모습을 확인해야 합니다. 특히 공원의 화장실 같은 곳에서는 안에서 무슨 일이 일어날지 모릅니다.

어린아이 혼자서는 화장실에 가게 하지 않는다

공원에서 화장실에 갈 때는 반드시 어른이 따라가도록 합시다. 어린아이가 둘이라고 해도 아이들만 보내서는 안 됩니다. 하나밖에 없는 화장실에 교대로 들어가면 밖에 있는 아이는 혼자가 되기 때문입니다.

부득이 어린아이들만 가게 할 경우에는 최소한 3명 이상 그룹으로 보내고, 화장실 안에 순서대로 한 명씩 들어가도록 합시다.

공원에서 안심하고 놀게 하기 위해서

다 놀고 난 다음 공원을 떠날 때는 혼자만 남아 있는 아이가 없는지 서로 확인하도록 합시다. 공원을 모든 사람들이 기분 좋게 놀 수 있는 장소로 만들기 위해서는 어른들이 책임을 지고 전체를 둘러보는 마음 씀씀이가 중요합니다. 가능하면 지역의 어머니들이나 자원 봉사자들이 교대로 당번을 정해서 순찰하는 시스템을 만드는 것이 이상적입니다.

경찰관이 순찰하고 있지만 그것만으로는 충분하지 않습니다. 공원에 있는 어린이들이 모두 자신의 아이라는 생각으로 '우리 지역 어린이의 안전은 우리들이 지킨다'는 인식을 모든 어머니들이 확실히 가질 수 있도록 합시다.

어떤 사건이 일어났을 때만 긴장하고 술렁이는 모습을 보게 됩니다. 아무 일도 일어나지 않는 평화로운 때일수록 자기 주변의 안전을 확실하게 해 두는 것이 피해를 미연에 방지하는 유일한 수단이라고 할 수 있습니다.

공원이나 놀이터에서 놀 때의 Q & A

Q1

공원이나 놀이터에서는
혼자 놀아도 좋습니까?

Q2

공원
화장실에
들어갈 때는
혼자서
갑니까?

Q3

어머니들이
볼 수 없는
장소에서도
놉니까?

A1 혼자서 노는 것은 피합시다. 가능하면 최소한 세 명 이상 놀도록 합시다.

A2 절대로 혼자서는 가지 말도록 합시다.

A3 넓은 장소라도 반드시 보호자의 모습이 보이는 장소, 자신들이 보일 수 있는 장소에서 놀도록 합시다.

상점에서는 아이의 행동에 신경을 쓴다

손님을 가장하여 물건을 훔치는 행위가 습관이 되는 무서움 "우리 아이가 물건을 훔칠 리가 없어요. 이 아이는 죄가 없어요."라고 말하는 어머니들이 있습니다만 그것은 어디까지나 부모가 두둔하는 것에 지나지 않습니다. 남의 물건에 함부로 손대지 않는 어린이로 기르기 위해서는 아이가 어릴 때부터 상점에 있는 상품은 돈을 내고 사기 전까지는 자신의 것이 아니라는 것과, 매사 정해진 규칙을 반복해서 들려 주고 잘 이해시켜 남에게 폐를 끼치지 않도록 확실한 예절을 가르칠 필요가 있습니다.

만화 잡지 등에 자주 등장하는 놀이를 위해 물건을 훔치는 행위도 '범죄 행위'임을 확실하게 인식시킵시다.

물건을 살 때의 포인트

1 물건을 훔치는 행위는 범죄 행위라고 아이에게 가르치고, 돈을 지불하지 않고 상점에서 물건을 가지고 나오지 않도록 합시다.

2 슈퍼마켓이나 편의점 등에서 물건을 살 때는 아이와 함께 행동하도록 합시다.

3 아이에게서 눈을 떼었을 때는 아이가 주머니에 상품을 숨겨서 가지고 오지 않았는지 주의하여 살핍시다.

4 아이는 어른이 하는 행동을 보고 은연중에 흉내를 냅니다. 부모는 예의에 벗어난 행동을 하지 않도록 조심합시다.

상점에서는 어린아이의 곁을 떠나지 않는다

슈퍼마켓이나 편의점 등 상점이 나란히 있는 매장에서는 부모가 물건 사기에 열중하여 아이가 혼자 있는 경우가 많이 있습니다. 아이가 매장 안에 있으면 안심이라고 생각하지 맙시다. 어린아이는 뜻밖의 돌발 행동을 할 수 있기 때문입니다.

가능하면 부모와 아이가 함께 행동하는 것이 가장 중요합니다. 물건에 함부로 손을 대지 못하도록 타이르는 것은 물론이고 아이의 모습이 사라지는 경우가 없도록 주의합시다.

상점에서 물건을 훔치는 행위는 범죄임을 가르친다

어린아이가 상점의 물건을 손에 숨기고 있거나 셔츠 밑이나 바지 주머니에 넣어서 가지고 오는 경우가 없도록 해야 합니다. 상점은 물건을 파는 곳이며, 돈을 내고 사기 전까지는 자신의 것이 아니라는 것을 확실하게 알려 줍시다.

초등학교 저학년 아이가 작은 만화책을 티셔츠 밑에 넣어 가지고 온 예가 있습니다. 부모가 모르는 사이에 물건을 가지고 집으로 돌아와서 누구에게도 들키지 않았다는 것에 재미를 붙이게 되면 어느 틈엔가 '물건을 훔치는' 상습범이 되는 경우도 자주 있습니다.

물건을 훔치는 행위에 있어서 부모가 눈치채지 못했기 때문이라든가 아이에게 악의가 없었다는 변명은 통하지 않습니다. 결국 그것은 부모의 책임이 됩니다.

어머니는 아이의 거울

어느 슈퍼마켓에서 목격한 일입니다. 한 어머니가 아이가 보는 앞에서 비닐 봉투에 담긴 상품을 열어서 안을 살펴보고 있었습니다. 점원이 주의를 주자 아무말 없이 봉투를 선반에 밀어 넣고는 모르는 척하고 있었지만 그때 어린아이가 불안하게 바라보던 모습을 잊을 수가 없습니다.

아이는 항상 부모의 행동을 보고 있습니다. 짐원이 없다고 해서 열어 보지 못하도록 규정되어 있는 봉투를 열거나 물건을 제자리에 올려놓지 않는 행동은 삼갑시다. 상품에 대하여 모르는 것이 있으면 점원에게 물어 보는 것이 좋겠지요.

점점 커지는 욕구를 잡아 주지 않는 사이에

아이들이 물건을 훔치는 행위에는 반드시 숨겨진 욕구, 예를 들면 충족되지 못하는 것을 메우려고 한다든지 부모에게 관심을 받고 싶다든지 하는 등의 '당연한 이유'가 있습니다.

어떤 여자 아이는 아주 작은 물건들을 훔치는 습관이 결국 '도벽'이 되었습니다. 처음에는 가지고 싶은 물건을 살 수 없었기 때문에 갖고 싶은 마음이 점점 강해져 물건을 살짝 가지고 돌아왔습니다. 물론 안 된다는 것은 알고 있었지만 '부모의 관심을 받고 싶다', '친구들에게 자랑하고 싶다'는 마음이 들었고 결국 지금은 '훔치는 기술의 연구하는' 단계에까지 이르러 필요 없는 물건까지 훔치게 되었습니다. 그 집중력을 공부하는 데 사용하면 좋으련만 하는 생각이 들 정도입니다.

이런 일이 일어나지 않게 하기 위해서는 왜 그것이 갖고 싶은가, 어째서 사 줄 수 없는가 하는 이유를 부모가 확실하게 말해 줄 필요가 있습니다.

부모가 열심히 일해서 생활을 유지하고 있다든지, 상점의 점원들이 얼마나 수고하면서 상품을 팔고 있는지 등 돈이나 물건의 유통 구조까지도 이야기해 주는 것이 좋습니다.

결국 부모 자식 간의 대화가 문제가 가장 중요합니다. 아이에 대한 부모들의 태도나 교육이 가장 중요합니다.

상점에서 주의하고 싶다 Q&A

Q1

어머니가 물건을 사는 동안 혼자서 상점에서 놀던 경험이 있습니까?

Q2

작은 물건이라도 숨겨서 가지고 돌아오는 것은 좋은 일입니까?

Q3

점원이 보고 있지 않으면 손에 집은 물건은 원래의 자리로 되돌려 놓지 않아도 좋습니까?

A1 상점 안에 있기 때문에 안심이라고 생각해서는 안 됩니다. 가능하면 보호자와 함께 행동합시다.

A2 물론 안 됩니다. 절대로 해서는 안 됩니다.

A3 점원은 항상 정리 정돈을 하고 있습니다. 원래 있던 장소에 정확하게 되돌려 놓읍시다.

하교 길의 행동 범위를 확인해 둔다

집 주변에도 위험이 잔뜩 집과 학교, 집과 공원(놀이터)을 왕복하는 사이에 사고를 당하지 않기 위해서는 우선 집을 중심으로 행동 범위를 파악하는 것이 무엇보다 중요합니다. 근처에 위험한 지역은 없는지, 사각 지대가 될 만한 장소는 없는지 기회를 만들어서 잘 확인해 둡시다.

나쁜 어른에게 팔이 잡아당겨지거나 어두운 장소에 끌려 들어가지 않도록 하기 위해서는 그런 곳에 가까이 가지 않도록(들어가지 않도록) 자주 말해 주고 부모와 아이가 약속해 둡시다.

학교에서 집으로 돌아오는 길에는 활발하고 바른 자세로 걷는 것만으로도 나쁜 사람의 접근을 막을 수 있습니다.

하교 길의 포인트

1. 행동 범위를 정해서 표지가 되는 포인트를 만들어 안전한 곳으로 돌아올 수 있도록 합니다.

2. 집을 중심으로 위험 지역을 파악해 두고, 교통사고로 인해 부상을 입거나 수상한 사람에게 피해를 당하지 않도록 합니다.

3. 만일의 경우에는 시간의 공백이 짧을수록 좋습니다. 집 근처나 상점의 사람들과도 서로 얼굴을 알아 두는 것이 좋습니다.

4. 하교길이나 놀이가 끝난 뒤에 혼자 돌아올 때는 반드시 바른 자세로 활발하게 걷도록 합시다.

행동 범위를 정해서 지도를 만든다

부모와 아이가 함께 걸으며 집을 중심으로 한 행동 범위를 정해 두고, 가능하면 지도를 만들어 둘 것을 권장합니다. 특히 친구 집과의 사이는 꼼꼼하게 점검해 둡시다. 하교길이나 놀이가 끝난 뒤에 혼자서 집에 돌아올 때까지가 긴장할 때입니다. 시간을 측정하여 여기저기 들르지 않고 곧바로 돌아오도록 정합시다.

길이나 건물 등에 꼼꼼하게 포인트를 정해 두고 그곳을 경계선으로 해서 경계선보다 앞쪽으로 가지 않도록 정합니다. 만일 경계선을 넘으면 그 포인트까지 돌아오도록 실제로 그곳이 보이지 않게 되는 장소까지 함께 걸으며 그 장소를 멀리서 확인합시다.

전체 지역을 정한 뒤에는 지역 내의 모든 도로나 건물, 사각 지대가 될 만한 장소를 점검합시다.

공터, 주차장, 공원(놀이터), 학교 등의 공공건물, 공장이나 슈퍼마켓, 지붕 색이 특별한 주택 등 기억에 남기 쉬운 건물을 지도에 그려 넣어 행동 범위를 추정합시다.

위험 지역이나 사각 지대가 될 수 있는 장소를 점검한다

행동 범위를 완전히 습득하고 나서는 자동차나 오토바이, 자전거 등에 주의하면서 걷는 방법을 알려 줍시다. 가까이 다가온 자동차 문이 갑자기 열려서 부딪치는 일이 없도록 교통사고에 대한 주의는 물론 자동차의 접근에 민감하게 반응하는 것도 중요합니다.

행동 범위 내에서 아이가 숨어 버려 모습이 보이지 않는 경우나 아이는 볼 수 있어도 어른은 볼 수 없는 낮은 위치, 어른은 들어갈 수 없지만 아이는 간신히 들어갈 수 있는 장소, 그리고 어른이 숨어 있을 것 같은 장소를 점검해 둡시다. 가로수나 건물의 튀어나온 부분이나 움푹 들어간 부분, 출입이 가능한 담의 뒤쪽 등 위험 지역이 반드시 있으므로 그런 사각 지대는 빨간색으로 표시합시다.

집을 중심으로 위험 지역을 파악해서 그곳에 가까이 가지 않도록, 숨어 들어가지 않도록 어린아이들과 확실하게 약속합시다.

서로 잘 알고 있는 사람들의 눈에 띌 수 있도록 인사를 한다

돌아오는 도중, 서로 잘 알고 있는 사람을 만났을 때는 예의 바르게 인사하도록 합시다. 알고 있는 사람의 눈에 띈다는 것은 그만큼 그 사람의 마음속에 기억되어 있다는 의미이므로 안심되는 일입니다. 만일의 경우에는 시간의 공백이 짧으면 짧을수록 좋다는 것을 충분히 새겨 둡시다. 돌아오는 길에 부득이하게 사람들의 왕래가 없는 곳을 걷게 될 경우에는 사각 지대가 될 만한 장소에 가까이 가지 않도록 주의시키고 빨리 통과하도록 교육시킵시다.

활달한 자세로 바르게 걷는다

걸을 때는 자세를 바르고 활달하게 걷도록 신경을 씁시다. 고개를 푹 숙이고 걷지 않도록 합시다. 골목길이나 사각 지대가 될 만한 장소에서는 가능한 한 밝고 안전한 곳을 택하고, 태연하게 뒤쪽을 잘 살피면서 수상한 행동을 하는 사람이나 이상한 모습을 한 사람이 접근하지 못하도록 합시다.

이런 하교 길은 우선 어른이 안전한 길을 확실하게 파악해서 아이에게 가르쳐 주는 것이 바람직합니다. 부모 세대는 지금의 아이들처럼 위험에 다양하게 노출된 경험이 없기 때문에 어린아이에게 어떻게 가르쳐야 할지 고민이 될지도 모릅니다.

그러나 모든 일은 누군가로부터 배우는 것으로, 이를 통해 부모들은 자신의 의식을 재인식할 수 있습니다. 부모 자식 간의 의사 소통이 잘 이루어지도록 노력해서 안전한 가정을 만들려는 마음을 서로 갖도록 합시다.

집 주위에도 신경을 쓰자 Q&A

Q1 여기에서 한 발짝이라도 더 나가서는 안 된다는 기준이 되는 장소를 정해 두고 있습니까?

Q2 위험한 장소가 어딘지 잘 기억하고 있습니까?

Q3 아는 사람을 만나면 어떻게 합니까?

A1 엄마와 아이가 행동 범위를 정해 둡시다.

A2 위험하다고 알고 있으면 신경을 쓸 수 있습니다. 엄마와 아이가 반드시 확인해 둡시다.

A3 밝은 모습으로 "안녕하세요?" 라고 인사합시다.

친구 집에 갈 때는 어디인지 밝히고 간다

혼자만의 시간이 위험하다 어린아이가 행방불명되거나 유괴되는 것은 아이가 혼자 있을 때 일어나는 경우가 대부분입니다. 하교길이나 놀러갈 때 또는 놀고 나서 돌아올 때 등 친구들과 헤어져서 혼자가 되었을 때가 목표가 됩니다.

이미 돌아올 시간이 넘었는데 아직 돌아오지 않았다고 당황하는 일이 없도록 서로 자신의 행선지를 확실히 알려 주고 파악해 둡시다.

연락이 되지 않는 사태가 발생하지 않도록 부모와 아이가 충분한 주의를 기울이는 것이 중요합니다.

행선지를 알려 줄 때의 포인트

1 볼일이 있거나 놀러 나갈 때는 반드시 메모지에 친구의 이름을 써 둡시다.

2 아이가 친구의 이름을 써 둔 메모지를 냉장고 등 잘 보이는 곳에 붙여 놓읍시다.

3 친구의 집이나 문방구 등 가는 곳의 이름을 작은 칠판 등을 준비해서 현관이나 부엌 등에 게시합시다.

4 3시, 4시 등 귀가 시간을 기록해 두면 귀가 시간을 알 수 있기 때문에 안심할 수 있습니다.

'항상 그렇겠지' 하는 것이 위험의 시작

"아무개 집에 가서 놀다가 몇 시까지 돌아옵니다."라고 하는 어린아이와의 약속은 매일매일 반복되는 일인지도 모릅니다. 그러나 만일 그 친구의 집에 가지 않았다면? 또는 돌아올 시간이 넘어도 돌아오지 않는다면?

"여기 오지 않았는데요. 이곳에 온다고 했나요?"라고 연락이라도 되면 그나마 다행이지만 "놀러온다고 했는데 오지 않았어요."라든지 '온다고 했는데 생각이 바뀌어었나 보다.' 하고 생각해서 연락조차 해 오지 않는다면?

돌아와야 할 시간에 돌아오지 않는 경우 '도대체 누구 집에 갔을까?' 판단하는 데 시간이 걸리는 것이 문제입니다.

만일 중대한 사건이나 사고가 발생했을 경우 단 몇 분의 차이로 결과는 엄청나게 달라지기도 합니다. 예를 들어 유괴 사건의 경우 범인이 아이를 데리고 사라지는 데는 별로 시간이 걸리지 않습니다. 어느 장소나 건물에 데리고 들어가거나 안아서 차에 태우는 것은 정말 순식간입니다. 게다가 자동차를 이용해서 유괴했다면 짧은 시간에 상당히 멀리까지 도망칠 수 있습니다.

행선지를 알리는 습관을 몸에 익히게 한다

특히 걱정이 되는 것은 "친구 집에 다녀오겠습니다."라고 말하고 집을 나갈 때입니다. 아이가 친구와 하루 종일 함께 행동할 수는 없습니다. 어쨌든 혼자만의 시간이 생기게 마련입니다. 항상 노는 친구가 대체적으로 정해져 있지만 만일의 경우를 대비해서 가족은 아이가 놀러 가는 집을 알아두어야 합니다. 어느 친구인가, 누구의 집인가 하는 것을 부모에게 반드시 알리는 습관을 들입시다. 막연하게 '저 아이의 집이겠지' 하는 생각은 해서는 안 됩니다.

"항상 엄마에게 말해 줘야 해." 하고 입버릇처럼 이야기해도, 아이가 어디에 가는지 알리지 않고 아이가 돌아올 때까지 어디에 있었는지 모르는 경우가 있습니다. 이런 경우가 있어서는 절대로 안 됩니다.

연락용 메모판을 준비해 둔다

가족이 외출했을 때 나가 버리거나 다른 형제들이 집에 있어도 너무 어려서 행선지를 알려 줄 수 없을 경우에 대비해서 "아무개의 집에 가서 몇 시까지 돌아오겠습니다."라는 메모를 남기도록 합시다.

연락처를 적어 놓을 수 있는 메모판을 준비해 두는 것도 좋은 방법입니다. 자석을 사용하여 자주 가는 친구의 이름을 기록한 메모판이나 '3시', '4시' 등 귀가 시간을 기록한 칠판을 함께 걸어 놓으면 사용하기 쉽고 알기 쉽겠지요. 냉장고나 벽에 붙일 수 있게 하면 간단합니다.

그런 방법을 사용하면 얼굴을 보지 않아도 누구네 집에 있는지를 알 수 있습니다.

아마 회사에서 자주 사용하는, 사원의 행선지 표시 노트를 상상하면 쉽게 이해가 될 것입니다. 친구들의 이름 외에 자주 가는 장소의 이름과 연락처를 준비해 두면 좋겠지요.

시간을 반드시 지키도록 약속한다

귀가 시간은 반드시 지키게 하도록 합시다. 친구 집에 놀러 가서 예정시정이 지나도 돌아오지 않는 경우에는 부모가 그 아이의 집에 전화 연락하는 제한시간을 10~20분으로 정해 두고 반드시 연락하도록 합시다. 아이에게 집에서 시간을 지킨다는 중요성을 가르쳐야 합니다.

친구 집에 갈 때의 Q & A

Q1

친구 집에 갈 때는
누구의 집에 가는지를
이야기하고 갑니까?

Q2

예정 시간이
지났는데도
친구가 오지
않았을 때는
전화 연락을
합니까?

Q3

친구 집
전화번호는
모두 알고
있습니까?
또 집 전화번호는
외우고
있습니까?

A1 '친구' 라고만 하면 누군지 알 수 없습니다. 반드시 이름을 말하고 갑시다.

A2 아주 짧은 시간이라도 상당히 중요할 경우가 있습니다. 서로 확실하게 연락할 수 있는 태도를 가집시다.

A3 전화번호 목록을 만들어 둡시다. 집 전화번호는 반드시 외우도록 합시다.

사람의 눈길이 닿지 않는 장소는 위험해요

사각 지대는 숨어 있는 위험이 사람의 눈이 닿지 않는 곳 사각 지대는 고정적인 곳과 유동적인 곳이 있습니다. 물리적으로 항상 사각 지대를 의식하고 있지만, 제한된 시간에만 사각 지대가 되는 곳은 의식하지 못하게 됩니다. 그런데 꼭 그런 경우에 사고가 많이 일어나므로 그런 장소야말로 주의를 필요로 합니다.

예를 들면 전철역의 플랫폼은 사람이 없는 시간대에는 사각 지대가 될 확률이 매우 높습니다. 따라서 어린아이가 학원이나 다른 볼일로 늦은 시간에 전철을 기다릴 때는 특히 주의해야 합니다. 아이와 함께 통학로나 학원 길을 살펴보고 시간대에 따라서 위험도가 달라지는 것을 잘 이해시킵시다.

사각 지대의 위험을 피하는 포인트

1. 남의 눈길이 미치지 않는 건물의 그늘진 곳(뒤쪽)이나 가로수가 우거져 그늘이 지는 곳에는 가까이 가지 않고 오랫동안 머물지도 않는다.

2. 시간대에 따라서 사람들이 많지 않은 시간은 언제인지 조사해서 기억해 둔다.

3. 늦은 시간 전철역의 플랫폼에서는 여러 사람 사이나 여성의 옆에 선다. 만일 사람이 없으면 사무실 근처에 서 있는다.

4. 위험에 처했을 때는 어디로 피하고 누구에게 도움을 청할 것인가를 가르친다.

학원에서 돌아오던 남자 아이가 전철역의 홈에서 피해를

어떤 남자 아이가 학원에서 돌아오는 길에 전철역의 홈에 있었습니다. 자기가 내릴 역에서 나가기 가까운 장소인 홈의 끝 쪽 벤치에 멍하니 앉아 있었습니다.

막 전철이 들어오려고 하는 순간이었습니다. 수상한 중년 남자가 다가왔습니다.

남자는 아이의 바로 앞에 서서 "공부하고 오니?", " 어디까지 가니?" 하면서 말을 걸었습니다. 아이는 평상시에 모르는 사람과는 말하지 않도록 교육받았기 때문에 대답을 하지 않았습니다.

그 홈에는 역무원이 없었습니다. 저 멀리 사람들이 있었지만 남자가 가로막고 서 있었기 때문에 사람들에게는 남자 아이의 모습이 보이지 않았습니다.

"왜 대답하지 않니?", "이 녀석 건방지네." 하는 등 여러 말을 퍼부어도 무시하고 있는데 남자가 갑자기 뺨을 때렸습니다. 또 무슨 일을 당할지 몰라 두려워진 아이는 벌떡 일어서서 사람들이 있는 곳으로 피했습니다.

남의 눈이 없을 때 바뀔 수 있는 인간성의 어두운 현실

이처럼 사람의 눈이 닿지 않는 장소이기 때문에 어린아이는 표적이 되기 쉽습니다. 특히 여자 아이는 신체 접촉을 당하거나 성적으로 짓궂은 일을 당하기도 합니다. 절대로 사람이 없는 곳에 혼자 있어서는 안 됩니다. 남자 아이나 여자 아이 모두 사람의 눈이 닿지 않는 곳은 위험할 수 있다고 알려 주어야 합니다.

전철이나 버스를 기다리고 있는 곳이라고 해도 사람들이 없으면 아이들이 어떤 일을 당할지 모르기 때문에 반드시 사람들 근처에 있도록 하거나 역의 사무실 또는 역무원 옆에 있도록 가르치는 등 '위험을 피하는' 행동이 필요합니다.

어쩔 수 없이 혼자 있을 때도 있지만 주위에 사람들이 없는 경우에는 위험에 처할 수도 있다는 것을 판단하는 것이 중요합니다. 특히 혼자 있을 때는 '지금 내가 있는 곳은 안전한가?' 하는 점을 확인하고 상황을 잘 파악해서 자신이 있을 곳을 정하도록 합시다.

부모가 한 번 정도 아이와 함께 통학로나 학원 길을 잘 조사하여 시간대에 따라 위험도가 크게 다른 점을 알아 두면 좋겠지요. 이렇게 하는 것으로 아이가 항상 안전한 장소에 있을 수 있도록 신경을 쓸 수 있습니다.

또 어떤 장소에서 무서운 일을 당했다면 어디로 피할 것인가, 누구에게 도움을 청해야 할 것인가를 생각해 둡시다. 혼자서 행동해야 할 경우에는 호신용 호루라기 같은 것을 소지하는 것이 효과적입니다. 사용 방법을 확실히 익혀서 만일의 경우에는 곧바로 사용할 수 있도록 해 둡시다.

위험에 대한 이해와 대책이 아이를 구한다

부모와 아이가 함께 행동할 때는 항상 주위에 신경을 써서 안전을 확인하는 것으로 자연스럽게 안전 의식을 몸에 익힐 수 있습니다.

또 매일의 생활 속에서 일어날 수 있는 위험을 하나 하나 확인해 둡시다. 아이와 항상 "만일 이런 일이 있으면 너는 어떻게 할 거니?"라고 서로 이야기하거나 생각할 수 있는 기회를 만들어 보는 것도 하나의 대책입니다. 평상시 생각해 두는 것만으로도 만일의 경우에 대비하는 방법이 다르겠지요?

아이의 일을 어머니에게 맡기거나, 아버지가 있는 것만으로도 안심이라고 마음을 늦추지 말고 모두가 가족을 지킨다는 의식을 가집시다. 어떤 일이 일어났을 때 피해를 당한 어린이는 물론이고 아이를 지켜 주지 못한 부모가 후회하는 일이 없도록 할 수 있는 일은 모두 시험해 봅시다.

사람의 눈길이 닿지 않는 장소의 위험 Q&A

Q1

사람의 모습이 보이면
어떤 경우에도
안심입니까?

Q2

혼자서 차를
기다리고
있을 때는
멍청하게
서 있어도
좋습니까?

Q3

어느
방향으로
피하는 것이
안전한지를
생각하고
있습니까?

A1 어린아이는 몸이 작기 때문에 나쁜 일을 당해도 사람들에게 보이지 않는 경우가 있습니다. 안심할 수 있는 사람 옆에 있도록 신경을 씁시다.

A2 혼자 있을 때는 특별히 주위를 잘 살펴보도록 합시다.

A3 언제 어디서 어떤 일이 일어날지 모릅니다. 늘 안전한 방향과 장소를 생각하도록 합시다.

사람들이 많이 모이는 장소에는 혼자 가지 않는다

안 된다고 하는 데는 이유가 있다 지역에 따라 해마다 여러 차례의 축제나 거리 행사가 개최되고 있습니다. 많은 노점상들이 생겨나고 사람들의 물결로 번잡해집니다. 어린아이들에게는 참으로 가슴 설레이는 행사입니다만 미아가 되기 쉽고 나쁜 어른에게 끌려 갈 수 있는 조건이 갖추어져 있다고 해도 과언이 아닙니다.

사람의 눈길을 끄는 것이 많이 있고 또 거리를 걸을 때는 너무 혼잡해서 인파에 묻혀 버릴 수도 있습니다. 아이와 함께 걷고 있다고 생각했는데 정신을 차려 보니 아이의 모습이 보이지 않는 경우가 많습니다. 그러므로 아무리 흥겹고 볼거리가 많아도 아이에게서 눈을 떼어서는 안 됩니다.

미아나 사고에 휘말리지 않는 포인트

1. 거리 축제나 기념 행사 등 사람이 많이 모이는 장소에는 어린아이 혼자서 가지 않도록 합니다.

2. 만일 미아가 되었다면 여기저기 걸어다니면서 헤매지 말고 부모나 아는 사람들이 발견할 수 있도록 기다립니다.

3. 모르는 사람이 말을 걸면 대꾸를 하지 말고, 또 강압적으로 명령해도 가지 않습니다.

4. 나쁜 사람에게 끌려갈 경우에는 배에 힘을 주어 가능하면 큰 소리로 사람을 부릅니다.

어린아이 혼자서 행동하면 위험하다

만일 어린아이가 미아가 되었다고 해도 같이 간 사람들끼리 큰소리로 이름을 부르거나 서로 나누어서 찾으면 대개는 찾을 수 있습니다. 그러나 어린아이가 혼자 행동하고 있다면 어떻게 될까요?

한 초등학교 저학년 여자 아이는 봄 가을로 열리는 거리 축제를 매우 좋아했습니다. 노점상에 즐비한 물건이나 여러 가지 거리 공연을 보면서 걷는 것이 너무 즐거워서 매일이라도 이런 축제가 있었으면 좋겠다고 생각할 정도였습니다. 항상 어머니나 친구들과 함께 구경을 다녔고 혼자서 가는 일은 없었는데 어느날 함께 갈 사람이 없자 어머니 몰래 외출해 버렸습니다.

평소에 '혼자 가면 안 된다'고 교육을 받았지만 모험심과 호기심에 끌려서 어머니의 말씀을 무시하고 말았습니다. 돈을 가지고 있지 않았기 때문에 단지 구경만 하는 것이었지만 자유롭게 걷는 게 즐거워 한눈을 팔다가 결국 시간을 잊어버렸습니다.

갑자기 남자에게 끌려갔다

문득 정신을 차리고 보니 노점상들이 모여 있는 거리에서 한참 떨어진 뒤쪽을 배회하고 있었습니다. 가로수 사이를 걸으면서 돌아가는 길을 찾고 있을 때 갑자기 눈앞에 사람 그림자가 나타났습니다.

"야, 너 나쁜 짓 했지?"라고 말소리가 나는가 싶더니 갑자기 남자에게 어깨를 잡혔습니다. 깜짝 놀라서 올려다보니 젊은 남자 같았습니다. 몸집이 큰 그 남자는 얼굴 생김새나 말투가 무서운 느낌이 드는 게 결코 좋은 사람 같아 보이지는 않았습니다.

'아무 짓도 안 했어요'라고 말하고 싶었지만 너무 무서워서 말이 나오지 않아 고개를 옆으로 흔드는 것이 고작이었습니다.

남자는, "내가 보고 있었어. 나쁜 짓을 하는 놈은 이렇게 해 줄 거야. 이리 와!" 하고 강압적으로 말하면서 여자 아이의 몸을 잡아 끌었습니다.

내몰리는 것처럼 구석진 곳으로 밀려들어가자 남자가 몸을 난폭하게 만졌습니다. 소리를 지를 수도 없었고 그대로 당하고만 있는데 남자를 부르는 소리가 들렸습니다. 남자는 혀를 차면서 "나쁜 일은 끝났어."라고 말하면서 여자 아이의 뺨을 가볍게 두드리고 떠났습니다.

여자 아이는 급히 옷 매무새를 가다듬고 그 장소에서 멀리 도망쳤습니다. 집에 돌아와서도 어머니나 누구에게도 그 일을 말할 수 없었습니다.

상대방의 말에 겁먹어서 미동도 할 수 없었다

어른들이 아이에게 갑자기 "너 나쁜 짓 했지?"라고 물으면 어린아이는 우선 놀라기부터 하고 소리조차 내지 못합니다. 특히 부모가 하면 안 된다고 하는 일이나 좋지 않은 일을 하고 있을 때 갑자기 말을 걸면 몸이 굳어져 버립니다.

혼자 행동하고 있는 것만으로도 가슴이 덜컥 내려앉는 일인데 특히 모르는 남자에게서 야단맞는 것 같은 소리를 들으면 몸이 굳어져 움직일 수 없게 되고 상대방이 말하는 대로 따르게 되어 버립니다.

이 여자 아이도 혼자서 거리축제에 간 '나쁜 일'을 남자에게 들켜서 그것을 야단맞는 것이라고 생각한 것입니다. 특히 어머니의 말씀을 지키지 않았다는 죄책감 때문에 누구에게도 말하지 못할 비밀이 된 것입니다.

이것은 거리 축제에 혼자서 구경간 경우이만 어린아이는 집 근처나 행락지에서 미아가 되기 쉬울 뿐만 아니라 때로는 나쁜 어른의 희생물이 될 수도 있습니다. 따라서 아이게는 자주 주의를 주는 것이 필요합니다.

Q1

거리 축제나 기념 행사
같은 사람들이 많이
모이는 곳에 어린이가
혼자 구경가도
좋습니까?

Q2

재미있을 것
같기 때문에
노점의
뒤쪽이나
인기척이
없는 곳에 가
보아도
좋습니까?

Q3

장소가 밝고
환하면
시간이
늦었지만
놀아도
좋습니까?

A1 사람이 많다고 해서 안전하지는 않습니다. 혼자서 구경하지 말고 반드시 가족과 함께 가도록 합시다.

A2 어떤 사람이 있는지 또 무엇이 있는지 모릅니다. 인기척이 없는 장소에는 가지 않도록 합시다.

A3 밝은 곳은 그곳뿐이고 뒤쪽이나 돌아오는 길이 이미 어두워졌다면 위험합니다. 특별한 일이 있다 해도 평상시처럼 밝을 때 집에 돌아갑시다.

감시 카메라와 사람들이 있어도 사각 지대는 있다

많은 사람들과 방범 카메라가 놓치는 허점 방범 설비가 갖추어져 있고 사람들이 많이 있는 곳이라고 해도 위험한 장소가 있습니다. 예를 들면 대형 백화점이나 할인 매장 등은 건물도 크고 주차장도 있어서 사람들이 많이 모이는 장소입니다. 가게 안에도 손님들이 많고 방범 카메라도 설치되어 있습니다. 그러나 쇼핑에 열중하고 있는 사람들은 주위 환경에 신경을 쓰지 않습니다. 가끔 경비원들이 순찰을 하고 또 매장 안에 사람들이 있다고 해도 역시 남들의 눈이 미치지 못하는 장소가 있습니다. 이런 곳에 어린아이가 있다면 어떻게 될까요?

그곳에서는 "사람들이 많이 있기 때문에 안심이야."라고 말할 수 없는 상황이 발생할 수 있습니다.

사람들이 많은 장소에서 위험을 피하는 포인트

1. 사람들이 많이 있고 방범 카메라가 설치되어 있어도 어린아이에게는 위험한 장소가 반드시 있다는 것을 알아 둡니다.

2. 외출할 때에는 어린아이에게서 눈을 떼지 않도록 합니다.

3. 호텔, 유원지, 공원 등에 있는 공동 화장실은 위험하므로 어린아이 혼자 보내지 않도록 합니다.

4. 수상한 사람을 만나거나 위험한 일을 당했다면 큰소리로 도움을 요청하거나 소리를 내서 알릴 수 있도록 교육합니다.

부모가 다른 일에 열중하고 있을 때 아이는 위험에 노출된다

어린아이를 자가용에 남겨 놓은 채 쇼핑을 하다가 아이를 열사병에 걸리게 하는 어머니가 가끔 있습니다. 더욱이 아이가 조금 컸다고 해서 화장실에 혼자 보내는 경우도 있습니다. 백화점이나 할인 매장 안에서는 어린아이가 혼자서 걸어다녀도 아무도 신경을 쓰지 않습니다. 부모는 아이가 매장 안에 있으면 안전하다고 생각하는 듯 쇼핑에 열중하고 있습니다. 그러나 한동안 쇼핑에 열중하다가 문득 정신을 차려 보면 아이의 모습이 보이지 않습니다.

항상 잘 있었는데…

어떤 여자 아이가 늘 어머니와 함께 백화점에 있었습니다. 매장은 이제 막 세일을 시작했기 때문에 사람들로 북적거렸습니다. 아이는 한참을 어머니 옆에 서 있었지만 좋은 물건을 고르느라 바쁜 어머니는 잠시 아이를 생각하지 않게 되었던 모양입니다. 아이도 쇼핑이 끝난 뒤에는 항상 아이가 좋아하는 것을 사 주었기 때문에 '오늘은 시간이 많이 걸리네.'라고 참고 이해하면서 매장 주위를 돌아다니고 있었습니다. 좋은 물건도 많았고 직원이며 사람들이 많았기 때문에 낯설거나 무섭다는 생각은 들지 않았습니다.

나쁜 사람은 이런 곳에 숨어 있다

혼자 있던 아이는 문득 화장실에 가고 싶어졌습니다. 전에도 혼자서 왔던 경험이 있기 때문에 화장실 위치를 알고 있었습니다.

통로 한구석에 있는 여자 화장실에 들어가려고 할 때였습니다. 갑자기 바로 앞에서 문이 열리면서 남자가 나왔습니다. 그 옆을 스쳐 지나가려고 하자 남자는 갑자기 손으로 여자 아이의 얼굴을 가리고 남자 화장실 안으로 데리고 들어갔습니다. 너무 무서워서 소리도 지르지 못하고 있는데 누군가가 들어오는 소리가 났습니다. 여자 아이는 칸막이 벽을 차고 손으로 두드렸습니다. 남자가 혀를 차면서 문을 열자 여자 아이는 뛰쳐나갔습니다. 용변을 보는 남자가 있기 때문이기도 했지만 어쨌든 밖으로 나오기 위해 뒤도 돌아보지 않고 달려가 어머니 품에 안겼습니다. 아이의 어머니는 집에 돌아와서야 아이가 기운이 없다는 것을 알아차렸습니다. 여러 가지를 묻고 나서야 비로소 무슨 일이 있었다는 사실을 알았습니다.

아이를 위험에 빠지게 하는 부모의 태만

그렇게 사람들이 많이 있고 방범 카메라까지 있는데도 어린아이가 무서운 일을 당할 수 있느냐구요? 문제는 여자 아이의 어머니가 아이를 그런 장소에 데리고 가서 자신은 쇼핑에만 열중하여 아무것도 몰랐다는 사실입니다.

사람들이 많이 있는 곳에다 방범 카메라까지 있어도 사각 지대는 항상 존재합니다. 특히 어린아이들은 사람들의 눈에 띄지 않는 경우가 많습니다. 사람이 많다는 것은 위험한 사람 역시 많다는 뜻입니다. 따라서 항상 아이들의 행동에 관심을 가져야 합니다.

많은 사람들 가운데서 누가 위험한 인물인지 알 수는 없지만 나쁜 일을 계획하고 있는 사람 역시 주위를 자세히 관찰하고 있습니다.

아이가 있으면 부모가 있게 마련입니다. 잘 살펴보면 누가 부모인지 알 수 있습니다. 그 부모가 무엇을 하고 있는지 살피면서 방치된 아이에게 접근하는 것은 매우 쉽습니다. 이렇게 계획적으로 살피고 접근하는 사람을 아이 혼자서 피할 수 있을까요?

사람이 많이 있기 때문에 안심이라고 생각해서는 안 됩니다. 사람들이 많으면 나쁜 사람도 그만큼 섞여 있을지 모릅니다.

나쁜 사람은 무관심한 많은 사람들 속에 섞여서 자신을 드러내지 않습니다. 우리 아이가 위험한 상황을 만나지 않도록 부모가 신경을 쓰지 않으면 어떤 결과를 가져올지 모릅니다. 부디 아이와 부모가 스스로 삼가고 조심합시다.

남들이 있어도 무서운 장소 Q&A

Q1 방범 카메라가 있는 곳은 어디라도 안전한가요?

Q2 사람이 많은 상점 안에서 부모와 같이 있는 경우 혼자 돌아다니며 놀아도 괜찮습니까?

Q3 부모가 자동차 안에 아이만 남겨 두고 나가는 것은 어떻다고 생각합니까?

A1 감시 카메라가 있어도 보이지 않는 부분이 있습니다. 특히 어린아이는 체구가 작기 때문에 카메라에 잡히지 않을 수도 있습니다.

A2 많은 사람들 속에 나쁜 사람이 숨어 있을 수도 있습니다. 절대로 혼자 나가지 말도록 합시다.

A3 차 안에 있다고 해서 안전하지는 않습니다. 가능하면 부모와 함께 행동하도록 합시다.

전망이 나쁜 곳은 언제나 위험하다

사람들의 시선이 미치지 않는 놀이 장소 공원이나 놀이터, 빈터 등 아이들의 놀이 장소가 구조적으로 사각 지대인 경우도 있습니다. 그런 곳들은 대부분 건물의 뒤쪽에 위치하고 있기 때문에 사람들의 시선이 미치지 않습니다. 하지만 나쁜 마음을 먹고 있는 사람에게는 그런 곳이 바로 최적의 환경이고, 그런 사람들이야말로 그런 장소를 잘 알고 행동하고 있습니다.

부모는 항상 아이의 행동 범위에 주의를 기울이고 아이의 입장에 서서 아이의 눈높이로 주변을 살피는 등 놀이터를 둘러싼 상황을 확실히 확인해 둡시다.

남들의 눈이 미치지 않는 놀이 장소에서의 포인트

1. 공원이나 공터 등에서 놀 때 전망이 좋지 않은 곳이나 건물의 뒤쪽에는 가까이 가지 않도록 합시다.

2. 이상한 사람이라고 생각되면 곧바로 그 장소를 떠나서 사람들이 많이 있는 곳으로 이동합시다.

3. 이상한 일을 당하면 반드시 부모에게 이야기하도록 철저하게 교육시킵시다.

4. 항상 아이가 노는 장소에 관심을 가지고 주변을 관찰하며 전망이 좋은지 나쁜지 확인합시다.

어린아이들과 변태자와의 위험한 교차점

어떤 공원은 주변이 모두 아파트나 건물 뒤쪽에 자리잡고 있어서 주변을 둘러보아도 사람의 모습이나 시선을 느낄 수 없습니다. 아이들이 큰소리로 소란을 떨어도 마음에 두는 사람은 없고 철저하게 소외된 공간이기 때문에 공원을 이용하는 사람도 적습니다. 그런데 이런 곳이라도 아이들에게는 아주 중요한 놀이 장소입니다.

여자 아이 셋이서 공을 가지고 놀고 있었습니다. 공놀이에 열중하여 공이 날아간 곳으로 따라가다 보니 공원의 한적한 곳에 이르게 되었습니다. 그곳에는 벤치가 있었고 벤치에는 한 남자가 앉아 있었는데 공이 그만 남자의 발밑으로 굴러갔습니다.

제일 앞에 선 아이가 달려가자 남자는 양발 사이에 공을 낀 채 아이를 바라보고 있었습니다. "미안합니다."라며 아이가 가까이 다가가도 남자는 공을 주지 않았습니다. 이상하다고 생각해서 더 가까이 다가가니 남자가 바지 지퍼를 열어 자신의 신체 일부를 꺼내어 한손으로 만지고 있었습니다. 아이는 깜짝 놀라 멈춰선 채로 어찌할 바를 몰랐습니다. 친구가 "무슨 일이야?" 하며 뒤따라와서 그 남자를 보았습니다 그 남자는 아이들의 얼굴을 보며 행동을 멈추지 않았습니다.

아이들은 너무 놀라서 "도망쳐!" 하고 외치며 공원을 빠져나왔습니다. 공이 신경이 쓰였지만 어쨌든 그 장소를 빠져나올 수밖에 없었습니다

한참 지난 뒤에 세 아이는 다시 공원으로 갔습니다. 남자는 보이지 않았고 벤치 위에 공이 놓여져 있었습니다. 공이 싫은 것은 아니었지만 어쩐지 기분 나쁜 생각이 들어서 깨끗이 씻었습니다. 공의 주인인 아이는 아주 복잡한 심정으로 그 공을 받아들었습니다.

어린아이의 눈높이에 시선을 맞추면 생각지도 못했던 부분이 발견된다

그 남자는 그때까지도 본 적이 없는 사람이었습니다. 평범한 샐러리맨 같

지도 않았고 제복을 입고 있지도 않았고 무엇을 하는 사람인가는 더욱더 알지 못했습니다. 이렇다 할 특징이 없는 남자였습니다. 세 아이는 부모에게 말씀드릴까 경찰서에 신고할까 의논하다가 먼저 부모에게 이야기하기로 결정했습니다. 세 아이가 각각 비밀을 털어놓자 놀란 어머니들이 모여 의논한 뒤 근처의 경찰서에 신고했습니다.

한낮의 공원에서도 사람들 앞에서 이상한 행동을 하는 변태자들이 있습니다. 그 뒤로는 경찰관들이 순찰을 돌게 되었고, 어머니들도 가끔 공원을 둘러보게 되었습니다. 실제로 벤치에 앉아 보면 나무 그늘에 가려서 어느 각도에서도 보이지 않는 곳이 있습니다. 벤치의 위치를 옮기고 난 뒤 이상한 사람은 나타나지 않았습니다.

이 경우처럼 아이들의 놀이 장소에도 나무 그늘에 가려 있거나 생각하지 못하는 사각 지대가 있습니다. 사각 지대는 어른과 아이의 신장 차이에서 생기는 경우도 있습니다.

따라서 어른의 눈을 아이의 시선에 맞추어 주위를 돌아보게 되면 생각지도 못하는 부분이 발견되는 경우도 있습니다. 또 평상시에 이웃들과 대화하는 것이 바람직합니다. 아이 친구들의 부모뿐만 아니라 자주 마주치는 사람들과 사귀어 두면 어떠한 일이 발생했을 때 지역 사람들 간의 결속과도 연관시킬 수 있습니다. 물론 수상한 사람들에 대한 경계도 중요합니다. 정보 교환을 잘해서 아이들의 안전을 위해서 할 수 있는 일을 모두 하는 것으로 위험한 일을 미연에 방지할 수 있습니다.

무엇보다도 아이들의 안전을 최우선으로 생각한다면 대처할 수 있는 일은 모두 실천해 보면 좋겠지요?

전망이 좋지 않은 놀이 장소 Q&A

Q1 자주 가는 공원이나 놀이터는 전망이 좋습니까?

Q2 그 놀이터의 벤치는 어디서도 잘 보입니까?

Q3 이상한 사람이 이상한 일을 하고 있다면 부모님에게 이야기하는 것이 좋습니까?

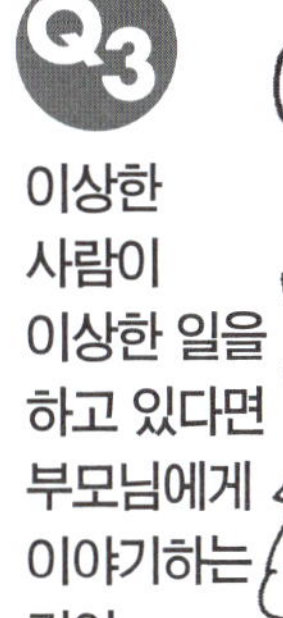

A1 공원에도 여러 가지 조건이 있습니다. 전망이 좋은지 어떤지를 어른과 어린이 모두 확인해 봅시다.

A2 가로수나 놀이 기구의 그늘에 가려서 사각 지대가 되는 장소가 있습니다. 이상한 사람이 있는지 없는지를 점검합시다.

A3 말하지 않으면 어떤 일이 있었는지 모릅니다. 어떠한 일이라도 말씀드립시다.

먼저 부모들에게 아이를 지키겠다는 결의가 필요

학교 안에서의 위험이 커진다 요즘은 아이들이 학교 안에 있기 때문에 안심이라고 생각할 수도 없게 되었습니다. 거기에는 여러 가지 이유가 있습니다.

학교 안에 이상한 침입자가 들어오는 경우가 있고 그 밖에 다른 좋지 못한 사람들도 있기 때문입니다. 때때로 신문이나 텔레비전 등에 보도되고 있는 '외설 교사', '악덕 교사', '음행 교사' 등으로 불리는, 이름만 선생님인 사람들이 있습니다.

물론 선생님들 대부분은 좋은 분들로, 모두가 사건을 일으키는 것은 아닙니다. 하지만 선생님 중에도 아주 가끔 나쁜 일을 저지르는 사람이 있다는 것을 염두에 둡시다.

학교 내의 위험을 막는 포인트

1. 학교 안이라고 해서 안전하다고 안심해서는 안 됩니다. 위험한 일이 일어나거나 이상한 사람들도 있다는 것을 염두에 둡시다.

2. 학교의 선생님들도 다양합니다. 다들 훌륭하시지만 아주 드물게 좋지 않은 일을 하는 선생님도 있을 수 있습니다.

3. 방과 후 혼자만 남아 있거나 다른 장소로 데리고 가는 일을 당하지 않도록 주의합시다.

4. 부모와 아이가 위험 관리 예행 연습을 해서 위험에 처했을 때 즉시 피할 수 있도록 가르칩시다.

최악의 사태에 대비하기 위해서는

사건을 일으키는 선생님은 실제로 매우 드물지만 절대로 해서는 안 되는 행위를 한 사람들이기 때문에 가끔씩 언론에 크게 보도되는 것입니다. 일부 선생님의 사례를 가지고 전체를 말하는 것은 아니므로 이 책을 읽으시는 분들의 양해를 구하는 바입니다. 만일에 만 명 가운데 한 명이라도 '좋지 않은' 선생님이 있다면 피해를 당하는 측은 인생이 망가질 만큼의 충격을 받는다는 사실을 알아야 합니다.

위험 관리의 원칙은 '최악의 사태에 대비한다' 는 것입니다. 아무리 좋은 선생님처럼 보여도 '악마가 충동질하는 것이다', '남자 본래의 충동에 사로잡힐 수 있다' 고 알아둡시다.

순진하고 착한 아이가 노리는 대상이 된다

반 아이 중에서 특정 아동을 '편애' 하는 선생님이 있습니다. 교사는 감정에 좌우되지 않도록 학생을 평등하게 대할 의무가 있지만 실제로는 확실히 편애하는 선생님이 있습니다.

선생님이 편애하는 것은 얼핏 좋은 일처럼 보이지만 아이 자신이 그것을 원하지 않는다면 고통스러운 일입니다. 다른 아이들 역시 좋게 여기지 않기 때문에 학생들 사이에서 외로울 때도 있습니다. 특히 상식의 범위를 벗어날 만큼 귀여워한다는 것은 매우 위험합니다. 예를 들면 '혼자만 교실에 남겨졌거나, 다른 장소로 혼자만 가게 되는 경우' 가 있을 수 있습니다. 선생님이 말씀하시면 거역하지 않는 것이 어린아이들의 습성입니다. 또 '순진하고 착한 아이' 가 선택당하는 경우가 많습니다.

나쁜 일을 하려고 마음먹은 사람은 그것이 나쁜 일이라는 것을 알고 있으면서도 실행합니다. 그렇기 때문에 사람들에게 알려지기를 원하지 않고, 남들에게 들키면 곤란하다고 생각하기 때문에 세심한 주의를 합니다.

비겁한 행동을 하는 사람은 그 행위를 실천할 때는 신중하게 생각하고 실천하는 법입니다.

"절대로 누구에게도 말해서는 안 돼."

"집에 이야기하면 학교에 다닐 수 없어."

"비밀을 지키지 않으면 큰일날 줄 알아."

"선생님은 약속을 지키지 않는 아이를 싫어해. 누구에게도 말하지 않는다고 약속해."

위와 같은 여러 가지 말로 어린아이를 협박하거나 위협합니다. 그렇지 않아도 올려다볼 정도의 어른에게 어깨나 등을 잡히면서 무서운 소리로 설득당하면 어린아이는 저항하지 못합니다. 무섭다는 것보다도 '싫다'고 말하지 못하게 됩니다.

더구나 부모님에게 말하면 큰일난다는 등 공포심을 부채질하는 말로 위축시켜 버리기 때문에 그런 일을 당한 어린아이들은 선생님의 말대로 행동하며 마음속에 큰 상처를 입게 됩니다. 물론 모든 선생님을 의심하는 것은 아닙니다만 그중에는 그런 사람도 있다는 것입니다. 그런 점을 생각해야 합니다.

연습만이 위험한 사태의 유일한 대비책

위험한 인물로부터 아이를 지키기 위해서는 그런 일이 있을 수 있다는 점을 상상해서 모의 실험을 해 보는 것도 중요합니다.

방화 훈련이나 학예회의 연극 등도 연습이 중요합니다만 위험 관리 역시 연습이 실제 상황에 대한 대비력을 말해 줍니다.

사람은 경험하지 않은 일은 돌발적인 경우에 생각처럼 되지 않습니다. 생각지 않은 일은 어떻게 대응해야 할지 모르는 일이 다반사이기 때문에 여러 가지 상황을 고려해서 연습해 둡시다.

Q1 어린아이의 일을 제일 중요하게 생각하고 있는 사람은 누구입니까?

Q2 어린아이의 성격을 잘 이해하고 있습니까?

Q3 부모님에게 숨기는 일이나 말할 수 없는 일이 있는 것은 좋은 일입니까?

A1 물론 부모님입니다. 또 아이가 제일 신뢰하는 사람도 부모님입니다.

A2 어린아이는 하나하나 그 성격이 다릅니다. 있는 그대로의 아이를 알아 줄 수 있는 사람은 부모밖에 없습니다.

A3 사춘기가 되면 자연히 거리가 생기기 마련입니다만 어렸을 때 대화를 잘해 두는 것이 사춘기를 맞아서도 도움이 됩니다.

학원 다니는 길도 확실히 안전하게

학원과 관련된 불안 요즈음은 어릴 때부터 여러 가지 학원에 다니면서 공부하는 어린이가 늘고 있습니다. 피아노나 그 밖의 다른 것들을 배우러 다닐 때 아이가 즐거워한다면 안심해도 됩니다.

그러나 아이가 학원에 다니기를 싫어한다면 부모는 아이와 차분하게 이야기해 보고 싫어하는 이유를 확실히 파악해 볼 필요가 있습니다.

아이는 부모를 믿고 이야기하는 것이기 때문에 평상시의 대화가 매우 중요합니다.

만일을 위해서 학원의 수업을 견학해 보는 것도 좋겠지요?

학원에 다닐 때의 포인트

1 학원의 수업이 어떤지 부모가 가서 보고 안전한지를 확인한다.

2 아이가 갑자기 학원에 가기 싫어하면 그 이유를 차분하게 들어봅시다.

3 평상시 아이와 대화를 자주 하고 아이의 공부나 친구들에 관해서 이야기하게 합니다.

4 만일에 피해를 당했다면 다음 피해자가 나오지 않도록 하기 위해서 확실하게 신고하는 용기를 가집시다.

아이의 이야기를 진지하게 들어서 해결

아이가 갑자기 학원에 가기 싫다고 이야기할 때가 있습니다. 지금 다니고 있는 학원이 적성에 맞지 않는지 싫은 것인지 어려운지 아니면 선생님이 싫은 것인지 싫어하는 아이가 있는지 괴롭힘을 당하는지……. 아이도 아이 나름대로 여러 가지 사정이 있습니다.

부모는 차분하게 아이의 이야기를 듣고 아이를 둘러싼 문제를 해결해야 합니다. 울고 있는 아이를 억지로 데리고 오는 부모님도 있지만 무리하게 행동하는 것은 좋지 않습니다. 물론 어린아이 시절에 엄격하게 교육받은 덕분에 크게 성공한 사람도 있습니다만 역시 아이의 성격을 잘 고려해서 무럭무럭 자라게 하는 것이 가장 좋지 않을까요?

학원에 가기 싫어하는 이유

학원에 다니고 있는 얌전하고 귀여운 여자 아이가 있었습니다. 학교 성적도 좋고 누구나 좋아하는 아이로 학원도 착실하게 다니고 공부도 잘했습니다.

그런데 어느 날, 새파랗게 질려서 집에 돌아오자마자 다짜고짜 "이제 학원에 다니지 않을 거야."라고 말하는 것이었습니다. 어머니가 그 이유를 물어도 고개만 옆으로 흔들 뿐 "어쨌든 싫어."라고만 했습니다.

아이 친구들에게 물어보고 나서야 어떤 일이 있었는지 알 수 있었습니다. 학원의 남자 선생님이 그 아이만 따로 남으라고 했다는 것입니다. 평상시 그 선생님은 그 아이에게 집요할 정도로 가르치려 들거나 옆에 다가가서 등에 손을 대고 있거나 연필을 잡고 있는 아이의 손에 자신의 손을 올려놓는 행동을 했다고 합니다.

그날은 간단한 시험의 해답을 맞춘 뒤에 그 아이에게만 "너는 아직 잘 이해하지 못하는 것 같으니 남아서 공부해라."라고 지시했다고 합니다.

'무슨 일이 있었던 게 틀림없어.' 하고 확신한 어머니는 딸을 조용히 불러 진지하게 이야기를 시작했습니다. 아이의 옆에 앉은 어머니는 아이의 어깨를 감싸 안으면서 "무슨 일이 있었는지 엄마에게 이야기해 줄래?"하고 상냥하게 설득했습니다.

선생님의 이상한 행동에 도망쳐 왔다

어두워진 학원 교실에서 한손으로 몰래 문을 잠그면서 "너는 몇 번이나 가르쳐 주었는데 모르니?" 하면서 아이에게 가까이 다가왔습니다.

그러더니 "넌 정말 안 돼."라고 말하며 끌어안으려고 했다고 합니다. 다리에 힘을 주어 버티고 서 있었지만 선생님 손에 치마 단이 걸려 치마가 벗겨졌다고 합니다. 선생님은 한동안 아이의 몸을 건드리다가 무슨 소리가 들려오자 깜짝 놀라 당황하며 "돌아가도 좋아."라고 말했다고 합니다.

아이는 무섭고 당황하고 기분이 나쁘기도 하여 학원을 빠져나와 집으로 돌아온 것이었습니다. "선생님이 엄마에게 말하면 안 된다고 했어." 하고 말하면서 울며 이야기하는 딸을 꼭 끌어안은 어머니는 가슴이 미어졌다고 합니다. 일을 확대하면 오히려 아이의 장래에 상처가 될 것 같아서 고소하는 것은 그만두기로 했다고 합니다.

다행히 그 뒤에 아버지의 전근이 결정되었고 아이의 가족들은 그 지역을 떠나게 되었습니다.

한참이 지난 뒤 그 마을의 사람과 만날 기회가 있어서 이야기를 주고받던 중에 어머니는 그 학원 선생님이 고소당했다는 사실을 알게 되었다고 합니다.

물론 학원의 선생님이 모두 그렇다는 것은 아닙니다. 이런 경우는 아주 간혹 일어나는 일입니다. 하지만 학원 선생님 중에도 때때로 악질적인 행위를 하는 사람이 있을 수 있다는 사실을 염두에 두어야 합니다. 아이의 안전을 확인하는 것은 부모의 의무입니다.

안심하고 학원에 다니기 위한 Q&A

Q1 학원 선생님이 무섭다든지 싫다고 생각한 적은 없습니까?

Q2 학원 선생님과 둘만 남겨진 경우가 있다면 어떻게 합니까?

Q3 "집에 이야기하면 안 돼"라고 누군가 말한다면 어떻게 합니까?

A1 학원 선생님이라고 해서 무조건 신뢰해서는 안 됩니다. 부모는 아이의 상태를 잘 살펴서 확실하게 점검합시다.

A2 학원 선생님이라도 둘만 남아 있어서는 안 됩니다. 반드시 친구들과 함께 있도록 합시다.

A3 "부모님에게 말하면 안 돼."라고 말하는 사람은 그 사람이 나쁜 짓을 하고 있는 경우입니다. 그것을 부모님께 반드시 이야기합시다.

의심이 가는 사람은 학교 출입을 금지한다

수상한 사람의 침입 사건이 빈번하게 일어나고 있습니다 안전하다고 여겨지는 학교에 이상한 사람이 침입하여 어린이들이 큰 피해를 입는 사건이 전세계적으로 여러 번 일어났습니다. 지금도 여전히 학교에 따라서는 평일에 언제라도, 누구나 검문 당하지 않고 들어올 수 있는 경우가 많습니다.

학교 안에 있다고 해서 안심할 수는 없습니다. 수상한 사람을 구별하는 일는 매우 어렵지만 그렇다고 방치해 두어서는 안 됩니다. 어느 정도 사전 대책이 필요합니다.

의심스런 사람에게서 자신을 지키는 포인트

1 학교 안이라고 해서 안심하지 말고 수상한 사람을 발견하면 가까이 가지 않도록 합니다.

2 모르는 사람이 불러도 따라가지 않습니다. 끌려갈 상황에 처하면 도망칩니다.

3 만일의 경우 밖에서 무서운 일을 당했다면 숨기지 말고 부모님에게 모두 이야기합니다.

4 남이 자신의 몸이나 마음을 상하게 하는 것은 절대로 용서할 수 없는 일이라고 확실히 기억해 두도록 합시다.

수상한 사람을 어떻게 구별하는가?

학교에 출입하는 사람들은 꽤나 다양합니다. 보호자나 학교 관계자가 특히 학교에 자주 가게 되는데, 평범한 복장을 하고 특히 눈에 띄는 모습이 아닌 이상 검문할 수는 없습니다. 그렇다면 보호자나 관계자인지 아니면 다른 수상한 사람인지를 어떻게 확인하면 좋을까요?

아이들은 학교 내에 있는 어른이라면 무조건 선생님이나 보호자라고 믿어 버리는 경향이 있습니다. 이제부터 경비 체제를 강화하는 의미로 학교 출입자들에게 ID카드를 붙이도록 해서 수상한 사람의 침입을 막는 것이 한 방법입니다.

학교 내에 있다고 해서 누구나 다 안전한 사람이라고 할 수는 없습니다. 학교 건물의 개축 수리 업무를 위해 출입하는 사람도 있고, 학교에서 쓰는 물건을 반입하기 위해 들어온 사람도 있습니다. 물론 그런 사람들이 모두 수상하다는 것이 아닙니다. 하지만 낯선 사람이 학교 내에 있는데도 아무런 경계를 하지 않는 것은 문제가 있습니다.

항상 학교 내의 경비에 신경을 써야 합니다. 건물을 수리하거나 교정을 손질하는 작업이 있을 때는 반드시 학생 전원에게 알려야 합니다. 언제 어느 시간에 어디서 몇 사람이 무슨 작업을 하는지 철저하게 파악해 두고 있어야 합니다.

교정에서 납치당한 경우도 있다

일본에서 일어난 일입니다. 어느 날 방과 후 교정의 한쪽 구석에서 초등하교 1학년 남자 아이와 여자 아이 여러 명이 놀고 있었는데 20세 정도로 보이는 작업복 차림의 젊은 남자가 다가왔습니다.

남자는 아이들 중에서 가장 예쁜 여자 아이에게 "야! 너 이리 와." 하고 명령했습니다. 아이들은 너무 놀라 갑자기 멈춰 서서 도망치지 못했고, 그 아이는 젊은 남자에게 어디론가 끌려갔습니다. 초등학교 1학년 정도는 어른으로 보이는 남자가 강한 말투로 명령하면 공포감을 느끼면서 저항할 수 없게 됩니다. 함께 있던 아이들도 놀라서 그저 멍청히 바라보고만 있을 뿐이었습니다. 남겨진 아이들은 겨우 "큰일났다, ○○가 끌려갔다!"고 외치면서 선생님에게 달려갔습니다. 방과 후 학교 안에서는 큰 소동이 일어났고, 결국 학교 안의 여자 화장실에서 아이가 발견되었습니다. 남자는 아이를 화장실로 데리고 갔던 것입니다.

피해를 입기 전에 대책을

사실은 이 사건이 일어나기 직전에 선생님 한 분이 태연하게 학교 안으로 들어가는 젊은 남자를 스쳐지나갔지만 상황을 몰랐습니다. 공사중인 인부라고 생각해서 다른 조치를 취하지 않는 바람에 범인은 그대로 도망쳤습니다.

학교측에서는 아이의 부모에게 경찰에 신고할지의 의사를 물었지만 부모는 아이의 기분을 생각해서 신고하지 않기로 했습니다. 이같은 피해를 입지 않기 위해서는 어떻게 하면 좋을까요? 이러한 문제는 부모들이 나서서 적극적으로 대책을 세우고, 아이에게도 안전 교육을 확실하게 시켜야 합니다.

'무서운 일이나 이상한 일은 아직 아이에게 가르치고 싶지 않다. 아이가 좋은 것만 보고 들었으면 좋겠다'고 생각하는 부모들이 많습니다. 아마 대부분의 부모들이 그런 생각을 하고 있을 것입니다. 하지만 가장 소중한 존재이기 때문에 위험에 처하지 않도록 알려 줄 의무가 있습니다. 만 가지 일 중에 단 한 번 일어나는 일이라고 해도, 그 한 번이 아이의 미래를 좌우할 정도로 큰 상처를 남길 수 있습니다. 그러므로 우리의 소중한 아이들에게 자신의 몸은 자신이 지켜야 한다는 사실을 꼭 기억할 수 있도록 확실하게 교육합시다.

마음과 몸이 상처받는 것은 자기 자신의 소중함을 잃는 일입니다. 아이가 그런 일을 당했는데 태평한 부모는 없겠지요? 그러므로 그런 위험한 일에 처하지 않도록 부모와 아이가 서로 자신을 지켜야 합니다.

Q1 학교 안의 어른들은 선생님이나 사무원, 보호자 등 관계자밖에 없을까요?

Q2 모르는 사람이 무서운 얼굴로 무언가를 명령하면 어떻게 합니까?

Q3 학교 안에서 혼자 있는 것은 안전합니까?

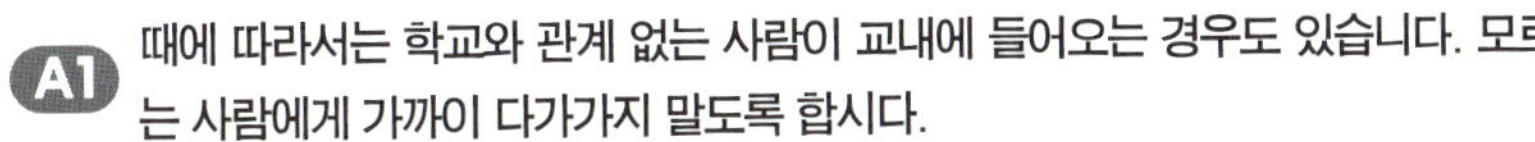

A1 때에 따라서는 학교와 관계 없는 사람이 교내에 들어오는 경우도 있습니다. 모르는 사람에게 가까이 다가가지 말도록 합시다.

A2 모르는 사람이 하는 말을 들을 필요는 없습니다. 곧바로 선생님이 계신 곳으로 갑시다.

A3 학교 안은 넓기 때문에 무슨 일이 일어나도 모르는 경우가 있습니다. 쉬는 시간에는 반드시 친구들과 함께 있도록 합시다.

이른 아침의 학교 안은 평상시와 다르다

사람이 없는 학교는 안심할 수 없다 행사의 예행 연습 등으로 학교에 아침 일찍 등교하는 경우가 있습니다. 이른 아침에 등교하면 선생님이나 학생들이 거의 없습니다. 교실에는 아무도 없고 복도를 걷는 사람도 없습니다. 일이 있는 극히 몇몇 사람들만이 교정이나 교실에 있습니다. 인기척이 없고 아무도 보이지 않고 큰소리를 질러도 들리지 않는 상황 속에서 사건이 발생하게 됩니다. '학교라면 괜찮겠지' 라고 지나치게 믿다가 돌이킬 수 없는 일이 발생하지 않도록 충분히 주의해야 합니다.

이른 아침 학교 안에서 주의해야 할 포인트

1. '학교 안에 있으니까 안심' 이라고 생각하지 말고, 사람이 있고 없음에 따라 학교 안에서도 주의합시다.

2. 늦은 밤에는 사람들의 통행이 적은 것처럼, 이른 아침 시간에도 인기척이 없다는 사실에 주의합시다.

3. 예행 연습 등으로 이른 아침에 등교했을 경우, 화장실에 갈 때도 혼자 가지 맙시다.

4. 만일 수상한 사람을 만나거나 무슨 일을 당했을 경우에는 믿을 수 있는 어른에게 도움을 구합시다.

연습을 위한 이른 아침의 등교가 피해를 불렀다

일본의 한 학교에서 있었던 일입니다. 어느 소녀가 운동회의 릴레이 선수로 뽑혔습니다. 소녀는 꼭 좋은 성적을 내겠다고 결심하고 연습을 위해 아침 일찍 등교했습니다. 저학년이었기 때문에 일찍 연습이 끝나서 옷을 갈아입기 위해서 교실로 들어갔습니다. 그때 고학년 남자 아이가 교실 안에 있었는데 옷을 갈아입고 있는 소녀에게 다가가서 몸을 만지는 행동을 했습니다.

교실 안에는 함께 연습하던 친구가 있었지만 상대가 몸집이 큰 소년이었기 때문에 소리를 지르지도 못하고 다만 멍청히 바라보고만 있을 뿐이었다고 합니다.

피해를 입은 소녀가 어머니에게 비밀을 털어놓았고, 어머니는 담임 선생님과 상담했습니다. 알고 보니 이 소년의 가정은 매우 복잡했습니다. 소녀의 어머니는 고민한 끝에 그 소년을 불쌍히 생각하여 용서해 주기로 했다고 합니다.

마침 같은 교실에서 일어나는 이 사건을 목격했던 소녀도 마음의 상처를 입었을 것임에 틀림없습니다.

이른 아침의 학교 안은 주의를 필요로 한다

이 사건은 '학교 안에 있으면 안심' 이라고 하는 선입견을 무너뜨린 예입니다. 더구나 이른 아침 시간이었습니다. 사람이 없는 방과 후나 어두워질 때 학교에 가는 일이 있으면 '위험하니까 주의해' 하고 주의를 주는 것이 보통이지만 이른 아침 학교에서 그런 일이 일어났다는 것은 누구도 예상하지 못했던 일입니다.

학교처럼 폐쇄된 장소에서 학생들이 많이 있는 때와 그렇지 않은 시간대는 매우 큰 차이가 있습니다. 인기척이 없고 넓은 장소에 비해서 사람의 수가 적다는 것은 똑같은 장소라고 해도 전혀 조건이 다릅니다. 사람이 많이 다니는 장소라고 해도 늦은밤에는 어두워서 사람들의 모습이 보이지 않아서 위험하며, 이른 아침 시간대 역시 위험합니다.

이른 아침에 일어나는 사건도 있습니다. 사람들의 수가 많고 적음에 따라서 위험의 상태도 다르다는 점을 확실히 인식합시다.

화장실에 갈 때는 세 명이

교실 안에 여자 아이가 둘만 있을 경우 둘이 화장실을 간다고 해도 한 사람이 개인 화장실 안에 들어가 버리면 혼자 남겨진 아이는 위험을 당할 수도 있습니다.

그러므로 만일 이른 아침 시간에 등교해서 화장실을 갈 경우에는 혼자 가지 말고 둘이 가든지, 둘도 불안하면 셋 이상 행동하는 것이 이상적입니다. 왜냐하면 둘만 있을 때 치한이 다가와서 나쁜 행동을 하는 경우, 다른 아이도 너무 놀라 대처할 수 있는 능력을 잃게 되기 때문입니다. 하지만 세 명이 있으면 서로 의지하게 되고 고함을 치거나 도움을 청하러 갈 수가 있습니다. 사이 좋은 친구 세 명이 있다면 그중 한 사람에게 무슨 일이 일어나도 다른 두 사람이 도움을 줄 수 있기 때문입니다.

'한 개나 두 개의 화살은 쉽게 부러져도 세 개의 화살은 부러지지 않는다'는 격언이 있습니다. 어린아이들끼리 행동할 때는 가능하면 세 명 이상이 행동하도록 습관을 들입시다.

그리고 무슨 일이 있었을 때는 가능하면 빨리 믿을 수 있는 어른에게 도움을 청하도록 평상시에 교육시켜 둡시다.

학교에서라면 교무실의 선생님에게, 공원에서라면 친구들의 어머니에게, 길을 걷고 있을 때는 경찰관이나 '응급 전화 119번'에 도움을 요청할 수 있을 것입니다.

때와 장소에 따라 어디로 가서 누구에게 도움을 청해야 할지 가르쳐서 아이가 확실하게 기억할 수 있도록 합시다.

아침 일찍 학교에 등교할 때의 Q&A

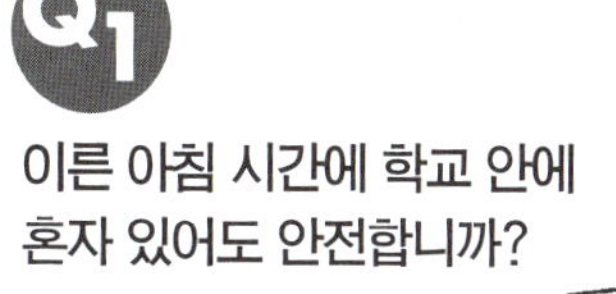

Q1 이른 아침 시간에 학교 안에
혼자 있어도 안전합니까?

Q2 같은 학교의
학생이라면
누구라도
안심입니까?

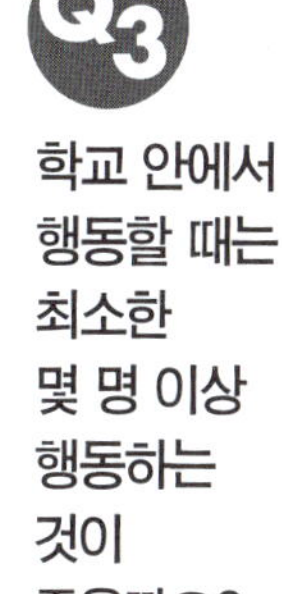

Q3 학교 안에서
행동할 때는
최소한
몇 명 이상
행동하는
것이
좋을까요?

A1 이른 아침 시간은 학생들이 많이 있는 낮 시간대와는 조건이 다릅니다. 혼자만 있지 않도록 합시다.

A2 학생들은 성별이 다르고 체격도 천차만별입니다. 괴롭힘을 당하거나 싫은 일을 당하지 않도록 주의할 필요가 있습니다.

A3 가능하면 최소한 세 명 이상 행동하도록 합시다.

길을 묻는 어른은 위험할지도 모른다

공원이나 놀이터에서는 어린이 혼자 놀게 하지 않는다 하교 후 친구들과 헤어져 어린아이가 혼자 되는 순간을 유괴범이나 나쁜 짓을 계획하고 있는 사람들은 은밀하게 겨냥하고 있습니다.

사람의 통행이 적은 길에서 가까이 다가오는 낯선 어른이 어린아이에게 안전한가 어떤가를 판단하는 것은 매우 어려운 일입니다. 만일의 경우 역시 위험하다고 판단하는 쪽이 무난하겠지요?

어린아이의 안전을 위해서는 모르는 사람과 접촉하지 말도록 알아듣도록 교육시킬 필요가 있습니다.

하교 길 포인트

1 유괴 사건의 예를 볼 때 길을 묻는 행위가 위험 신호입니다. 모르는 어른과는 이야기하지 맙시다.

2 사람들에게 친절하게 대했는데 그 친절이 해가 될 수 있다는 것도 가르쳐서 아이의 안전을 지킵시다.

3 등·하교 시나 밖에서 놀고 돌아오는 도중 집에서 가까운 장소를 노리기 쉽습니다.

4 뒤에서 가까이 다가오는 차를 빨리 알아차리는 것이 중요합니다. 차의 소리나 라이트 등에도 민감하게 대처합시다.

어린아이 혼자 있을 때가 위험

어린아이가 밖에서 혼자 있을 때 가장 위험에 처할 수 있는 경우는 친구들과 헤어져서 집으로 돌아올 때입니다. 집까지 얼마 남겨 놓지 않은 시점에서는 '금방 집에 가겠네.' 하는 생각에 마음이 풀어져 버립니다. 몇 분이나 몇 미터의 거리이지만 어린아이는 혼자가 됩니다.

자동차나 자전거 또는 오토바이에 주의를 해야 하고, 가까이 다가오는 사람들 중에도 나쁜 어른이 있을 수 있으므로 경계해야 합니다.

평소에 얼굴을 많이 대하는 이웃들에게는 "안녕하세요?"라고 인사해야겠지만, 모르는 어른이 접근해 올 때는 주의해야 합니다.

2001년 10월 15일, 일본 도쿄의 이타바시(板橋) 구에서 7세의 초등학교 1학년 남자 아이가 유괴되었습니다.

사건의 전말은 이렇습니다. 아침 7시 40분경, 학교에 가는 아이에게 어떤 남자가 다가와 "역은 어느 쪽으로 가지?" 하고 물었습니다. "곧장 가세요."라고 대답하자 남자는 "고마워." 하고 대답하고 일단 사라진 뒤에 뒤에서 남자 아이를 끌어안아 자동차에 밀어넣었던 것입니다. 남자는 아이의 눈과 입을 접착 테이프로 틀어막고 손을 뒤고 묶고 데리고 사라졌습니다.

유괴범은 학원장으로 그날 4시가 넘어서 아이를 풀어 주었고, 곧 체포되었습니다.

길을 묻는 것은 상투적인 수단

이처럼 '유괴 사건'에서 상투적으로 사용되는 수단이 길을 묻는 것입니다. 차로 접근하거나 멈춰 있는 차 옆을 어린아이가 지나갈 때 자동차 안에 앉아서 또는 문을 열고 접근하며 역까지 가는 길을 묻는 등 말을 걸어오는 사람은 매우 위험한 사람입니다.

어린아이들은 남에게 친절하라고 교육받고 있고, 또 어른들이 물을 경우는 열심히 대답하려고 하는 성질이 있습니다. 그러나 친절이 해가 되는 경우도 있음을 가르쳐 주어야 합니다.

어린아이는 몸집이 작고 가벼워서 남자 어른들이 손쉽게 안아올릴 수 있습니다. 그 아이 역시 "이 길로 곧장 가세요." 하고 대답하고 지나치는 순간에 차에 납치를 당한 것입니다.

대부분 차를 운전하는 사람은 거의 지도를 가지고 있고, 최근에는 자동차용 도로 안내 시스템도 발달되어 있습니다. 그러므로 굳이 어른도 아닌 어린이에게 길을 물을 필요는 없습니다. 또한 어른들도 차를 운전할 때나 길을 걸을 때 어린이에게 길을 묻는 행위는 삼가는 것이 좋겠지요.

부모와 아이가 함께 집 주위를 확인한다

학교에서 집까지 아주 가까운 거리라도 주·정차하기 쉬운 장소나 건물의 그늘에 가려서 어린아이의 모습이 보이지 않는 위치나 사각 지대, 도로 사정에 대해서 부모와 아이가 확실하게 확인해 둡시다.

집에서 가까운 장소나, 아이가 혼자 돌아오는 길목은 범인들이 노리기 쉬운 장소라는 점을 염두에 둡시다. 또 수상한 차나 낯선 어른의 접근에 주의를 기울여 적당한 거리를 유지하라고 일러 둡시다. 자동차나 자전거, 오토바이 소리나 불빛에 신경을 쓸 것도 당부해 둡시다. 모습이 이상한 사람도 빨리 알아차리도록 가르쳐야 합니다.

학교에서 돌아오는 시간뿐만 아니라 아침 등교 시간에도 혼자가 될 수 있는 경우는 주의가 필요합니다. 만일 길을 가는 도중에 위험한 일이 일어났을 때는 어디로 도망칠 것인가를 미리 생각해 두어야 합니다. 이곳에서는 집으로 뛰어오는 편이 낫고, 이곳에서는 가게로 가는 것이 안전하다는 등 구체적인 장소를 지정해서 확인해 두면 좋습니다.

또 자동차의 일방 통행로도 파악해 두면 실제로 어떤 일이 일어났을 경우 헤매지 않고 안전한 장소로 피하는 데 도움이 됩니다. 갑자기 공포스런 상황에 처했을 때 당황하지 않도록 자꾸 평소에 방법을 알려 주세요.

 어린아이가 혼자 있을 때의 Q & A

Q1 친구들과 헤어져서
혼자가 되었다면
지나가는 다른 곳을
들러서 옵니까?

 **Q2**
멈추어 있는
차 안에서
누군가 말을
걸어 온다면
어떻게
합니까?

 **Q3**
아침이나
낮이라면
어린아이 혼자
밖을 걸어도
안전합니까?

A1 혼자서 걷고 있으면 위험한 일을 당하기 쉬우므로 곧바로 집으로 돌아가도록 합시다.

A2 차에서 손을 뻗어도 잡히지 않을 정도로 차도에서 떨어져 걸읍시다. 모르는 사람이라면 그곳에서 떠납시다.

A3 아침이나 낮의 밝은 시간에도 어린아이가 혼자 있으면 나쁜 사람들의 노림을 당하는 경우가 있습니다.

손짓해도 절대로 가까이 가지 않는다

모르는 사람의 수단에 넘어가지 않는다 수상한 사람이 어린아이를 부르는 것은 어떤 이유에서일까요?

그들은 일단 장난감이나 애완 동물을 보여 주어서 어린아이의 관심을 끕니다. 아이가 호기심에 가까이 다가오면 건물의 그늘진 곳 등 사람들의 눈에 띄지 않는 곳에 데리고 가서 어린아이에게 나쁜 짓을 하는 경우가 많이 있습니다.

어린아이들은 상냥한 음성으로 말을 걸어 오면 방심하게 되고 거꾸로 위협받게 되면 아무 말도 못한 채 멍하게 되는 경우가 많습니다. 모르는 사람이나 행동이 이상한 사람이 말을 걸어 와도 이야기하거나 가까이 다가가지 않도록 합시다.

꼬임을 당해도 차에 타지 않는 포인트

1. 상냥한 음성으로 말을 걸어 오면 아이들은 방심해서 따라가기 쉬우므로 주의합시다.

2. 고압적인 태도나 강한 어조로 말하면 아이들은 위축되어서 어른들의 말에 거역하지 못하는 경우가 많습니다.

3. 강아지나 장난감 등을 보여 주면서 유인하는 수법을 사용하는 사람에게는 절대로 대응하지 않도록 합니다.

4. 모르는 사람이 말을 걸어 올 경우는 함께 놀고 있던 친구와 곧바로 도망칩니다.

상냥한 어조 또는 고압적인 태도로

어린아이가 집 밖에 혼자 있거나 친구들끼리만 있을 때 수상한 사람이 말을 걸어 오는 경우가 있습니다. 어른이나 어른이라고 볼 수 없는 어린 사람일 경우도 있습니다. 상냥한 어조로 말을 걸어 오면 아이들은 금방 방심하게 되어 상대방을 따라가게 됩니다. 또 고압적인 태도나 어조로 "야, 이리 와!" 하고 말하면 위축되어 거스를 수 없게 되는 경우가 있습니다. 고압적인 태도로 어린아이를 따라오도록 하는 타입은 그 자체만으로도 안심하지 못할 사람이라는 것을 알 수 있습니다. 약한 아이들에게 강하게 나오는 사람은 비겁한 사람입니다.

보는 것만으로는 판단하기 어렵지만 평상시 정보 교환을 통해 가까이에 수상한 사람이 있는가 없는가를 주의깊게 확인해 둘 필요가 있습니다.

동물이나 장난감 등으로 유인하는 수법

예를 들어 강아지나 새끼 고양이를 안고 있는 어른이 손짓하여 부르면 어린아이는 그 곁에 다가가게 되어 있습니다. 작은 동물은 귀엽기 때문에 아이는 다가가서 만져 보고 싶다는 생각이 들지도 모릅니다.

너무 귀여워 넋이 나가서 한참을 놀고 있으면 "다른 것도 있으니까 이쪽으로 와 볼래?" 하고 유인하여 남들이 잘 가지 않는 장소로 데리고 들어갈 수도 있습니다. 나무 그늘이나 공원 뒤쪽의 화장실, 건물 뒤편 등 사람들의 눈이 닿지 않는 장소에 데리고 들어가 이상한 행동을 하는 경우도 있습니다.

'작고 귀여운 어린아이에게 어떻게 그런 짓을 할 수 있을까?' 하고 생각하겠지만 실제로 잔인한 짓을 하는 사람들이 있습니다. 어릴 시절에 그런 일을 당하고도 남들에게 이야기도 못한 채 어른이 되는 사람들도 많이 있습니다.

곧바로 뛰어 도망치라고 가르친다

건물의 뒤쪽으로 끌려간 어린아이는 성폭력을 당하는 경우가 대부분입니다. 따라서 '모르는 어른이 손짓하면 따라가서는 안 된다' 고 자주 이야기해 둡시다.

자기 아이의 이해 능력이나 개성을 잘 파악하여 여러 번 이야기해 주고 주의하는 방법 등을 스스로 잘 생각해 보도록 가르칩시다.

우선 모른 사람이 말을 거는 경우에는 곧바로 뛰어서 도망쳐야 하며, 친구들과 함께 있을 경우에는 같이 도망치라고 가르칩니다. 위급한 상황이 발생하면 멍하게 되어 혼자 남는 아이가 있습니다. 그런 아이는 피해를 당할 위험이 크므로 부모들은 아이의 성격을 잘 파악했다가 주로 함께 노는 친구들이나 리더십 있는 아이에게 잘 당부해 두는 것도 중요합니다. 이것은 그 아이에게 책임을 지우는 것이 아니라 아이들의 성격에 맞추어 역할을 분담하도록 가르치는 것입니다. 어린아이들이라고 해도 성격은 저마다 다르기 때문입니다.

지역의 안전을 위한 부모의 역할

또한 잊어서는 안 되는 것이 반드시 부모에게 알리게 하는 것입니다. 무서웠던 경험을 누구에게도 말하지 않고 숨기는 아이도 있을지 모릅니다. 그러나 그런 일을 당했다고 하는 것은 사건이므로 지역에 연락하여 보호자들이 순찰할 수 있도록 하는 등 경계 태세를 갖추어야 합니다.

요즘 특히 대도시에서는 이웃과의 관계가 희박해지는 틈을 노린 수상한 사람들이 많이 나타납니다. 아이들을 키우는 부모가 솔선수범하는 의식을 가지고 지역의 안전을 지키는 노력을 해야 하지 않을까요? 부모들이 일치단결해서 아이들을 지킬 의무가 있습니다.

수상한 어른이 손짓한다면 Q&A

Q1 강아지나 새끼 고양이를
안고 있는 모르는 사람이
"저쪽에 더 많이 있으니까
함께 가 보자."라고
말한다면 따라갑니까?

Q2 건물의
그늘이나
뒤편에서
모르는
어른에게
손짓을
당한다면
어떻게
합니까?

Q3 모르는 어른에게
손짓을 당했는데
따라가지 않았다면
그것을 부모님에게
말하지 않아도
좋습니까?

A1 만일 다른 곳에 있다면 왜 함께 데리고 있지 않을까요? 아무리 동물이 귀여워도 모르는 사람을 따라가서는 안 됩니다.

A2 아무리 상냥해 보여도 낯선 사람에게는 다가가지 맙시다. 아는 사람이라고 해도 건물의 뒤편이나 인기척이 없는 곳에서 부를 때는 가지 말아야 합니다.

A3 알리지 않고 가만히 있으면 다른 아이들이 위험을 당할지도 모릅니다. 이상한 일을 당했다면 반드시 부모님께 이야기합시다.

얼굴은 알고 있어도 어떤 사람인지 모른다

어린아이는 모르는 사람을 따가 가고 싶어한다 어린아이들은 '모르는 사람은 절대로 따라가서는 안 된다'고 수도 없이 타일러도 어떤 마력에 끌려 들어가는 것처럼 따라가는 경우가 있습니다.

어린아이가 수상한 사람에게 끌려가서 피해를 당하는 일이 없도록 우선 부모가 아이의 행동 범위를 확실히 파악하는 것이 가장 중요합니다.

또 근처에 자주 나타나는 수상한 사람에게 주의하고, 아이가 부모에게 말 못하는 비밀이 없도록 확실한 약속을 합시다.

얼굴만 알고 있는 사람에게 꼬임을 당했을 때의 포인트

1. 얼굴만 알고 있을 뿐 무엇을 하는 사람인지 알지 못하는 사람이 유혹할 때는 따라가지 않습니다.

2. 어린아이가 좋아하는 게임이나 재미있는 놀이를 알고 있는 사람에게 끌려 들어가는 것이 위험 신호.

3. "암마와 잘 아는 사람이야."라고 말해도 확인되지 않을 때는 믿지 않습니다.

4. 아이의 행동 범위를 확실히 파악할 것. 잘 모르는 인물은 주의를 기울일 것.

얼굴은 알고 있지만 천성은 잘 모르는 사람

완전한 성인이 되지 못하고 또한 어린아이도 아닌 나이의 남자가 있었습니다. 십대 후반에서 이십 세 정도의 인물로, 학교에 다니는 것 같지도 않고 그렇다고 직장을 다니는 것 같지도 않은 젊은 사람입니다.

이런 사람들은 극히 일부입니다만 때때로 공원이나 놀이터 근처에서 놀고 있는 아이들과 이야기를 하거나 혼자 가만히 벤치에 앉아 있는 경우가 많으며, 도대체 무엇을 하고 있는지 알 수 없습니다. 하지만 왠일인지 어린아이들이 좋아하는 게임을 잘 알고 있습니다.

남자 아이라고 방심해서는 안 된다

이런 경우가 있었습니다. 어떤 남자가 놀고 있던 초등학생 남자 아이에게 말을 걸어 게임을 하자고 유혹했습니다. 남자 아이는 재미있겠다고 생각해서 멍하니 따라갔습니다.

함께 게임을 하면서 재미있게 놀고 있었습니다. 남자들끼리였기 때문에 마음을 열어 방심하고 있는 사이에 갑자기 남자가 아이의 옷을 벗겼습니다. 몸을 만지기 시작하자 처음에는 깜짝 놀랐지만 "아무에게도 말하지 마."라고 무섭게 말하자 어쩐지 부끄럽기도 하고 남들에게 이야기하면 안 될 것 같은 생각이 들었기 때문에 "응." 하고 고개를 끄덕였습니다.

그 뒤에도 이 남자가 눈짓으로 유혹하면 아이는 쭈뼛쭈뼛 그 집에 따라갔습니다. 게임의 매력도 있었지만 몸을 만지면 어쩐지 무서운 기분과 함께 기분이 좋아지는 아주 복잡한 심리 상태가 되었습니다. 그것이 어떤 기분인지도 모른 채 반복되었다고 합니다.

어린아이가 겪은 강렬한 체험

상습적으로 성 피해를 받고 자란 남자 아이는 나이를 먹어서도 여자에게 관심을 갖지 못하는 청년이 되었습니다.

현재 한 사람의 청년으로 성장한 그는 "여자에게는 관심이 없다. 앞으로 결혼할 생각도 없다. 지금 상황으로도 만족한다.”고 말합니다.

그러나 부모에게는 단 하나뿐인 자식입니다. 앞으로 손자의 얼굴을 볼 수 없을지도 모른다고 생각하면 부모가 불쌍하게 생각되지만 방법이 없습니다.

그는 “나만 괴로움을 당하면 되잖아요?”라며 반문하지만 “어렸을 때 그런 경험이 없었다면 어떻게 되었을까요?”라고 묻자, “어쩌면 다른 인생을 걸어가고 있었을지도 모르지만 그런 일은 이제 생각할 수도 없고 생각해도 쓸데없는 것”이라고 말했습니다.

어린아이에게는 너무나도 강렬한 체험이었던 것입니다.

성적 학대의 연쇄

사람들에게는 각각 가지고 태어난 성적 성질이 있습니다. 하지만 누군가에게 강제적으로 성적 성질을 제한당한다는 것은 문제가 있는 것입니다. 앞의 경우도 성적 학대입니다. 어린아이에게 그런 짓을 해서는 안 됩니다. 더군다나 그런 일을 당한 아이들의 부모가 겪을 마음의 고통을 생각하면 더욱 복잡합니다.

“그 남자도 나에게 한 일을 누군가에게서 당했다.”고 청년은 말합니다. ‘학대의 연쇄’ 라는 말처럼 이것도 연쇄 반응의 하나입니다.

어린아이의 행동을 구석구석까지 지켜보는 것은 불가능한 일입니다. 그러나 부모님에게 말하지 못하거나 말하지 않는 행동은 없는지, 평상시와 느낌이 다르다든지 하는 점을 주의 깊게 관찰하여 놓치지 말도록 합시다.

얼굴만 알고 있는 사람이 유혹한다면 Q&A

Q1

함께 게임을 하자고 하는 사람이 있다면 별로 잘 알지 못하는 사람이라도 따라갑니까?

Q2

얼굴은 알고 있지만 무엇을 하는 사람인지 모르는 사람의 집에 놀러가도 좋습니까?

Q3

남자끼리라면 잘 모르는 사람과 놀러가도 괜찮습니까?

A1 모르는 사람을 따라가면 안 됩니다. 게임보다도 먼저 그 사람이 어떤 사람인지 아는 것이 중요합니다.

A2 얼굴만 알고 있어도 어떤 사람인지 모르는 사람인 경우에는 유혹을 해도 따라가지 않도록 합시다.

A3 남자끼리라도 잘 모르는 사람은 따라가서는 안 됩니다.

싫은 일을 하는 어른에게는 다가가지 않는다

상냥한 사람이 갑자기 돌변하면 어린아이들에게 상냥한 사람, 재미있는 사람, 놀아 주는 사람은 매우 인기 있는 사람입니다.

그런데 그런 사람이 갑자기 싫은 일을 하는 사람으로 변할 때가 있습니다. 그럴 때 싫다고 생각하면서도 그 사람의 지시를 따르거나 망설이는 행동을 해서는 안 됩니다. 그런 태도가 상대방을 점점 더 심하게 만듭니다. 위험을 느낀다면 확실한 말이나 태도로 거부해야 합니다. 상대가 가까이 접근해 오지 않도록, 그리고 싫은 짓을 하는 사람과 둘만 남게 되지 않도록 예방책과 대응법을 평소에 가르쳐 두는 것이 중요합니다.

싫은 일을 당하지 않기 위한 포인트

1. 조금이라도 위험을 느꼈을 때는 다른 친구들 곁으로 다가가서 혼자 있지 않도록 합니다.

2. 이상한 상냥함과 친절, 신경 쓰이는 시선도 위험 신호의 하나이므로 빨리 파악해야 합니다.

3. 필요 이상으로 신체에 접촉하려고 하는 사람은 위험 인물이라고 생각합시다. 가까이 다가가지 않는 것이 가장 중요합니다.

4. 싫은 일을 당하면 말이나 태도로 분명히 "싫다", "그만둬"라는 말로 거부해야 합니다.

친절과 상냥함은 접근하기 위한 수단?

초등학생 여자 아이가 이웃의 친하게 지내는 자매와 아주 큰 공원으로 소풍을 갔습니다. 자매의 친척이라고 하는 대학생 오빠도 함께였습니다. 여자 아이는 나이가 제일 어렸기 때문에 모두가 신경을 써 주었습니다. 오빠도 매우 귀여워해 주었으나 때때로 자기의 볼을 물끄러미 바라보는 시선이 조금 신경이 쓰였습니다.

즐겁게 놀던 중에 갑자기 여자 아이가 굴러 정강이에 생채기가 났습니다. 여자 아이는 얼굴을 찡그리며 아픔을 호소했고, "괜찮아. 내게 업혀."라며 오빠가 등을 내밀었습니다. 걷지 못할 정도로 상처가 큰 것은 아니었지만 애써 업히라고 말했기 때문에 여자 아이는 그대로 했습니다. 오빠는 "의무실에 가서 조치를 취하고 올게."라고 말하고 자매를 그 장소에 남겨두고 공원 사무실로 향했습니다.

부자연스런 신체 접촉을 할 때엔 즉시 레드 카드를

업혀 있던 여자 아이는 엉덩이에 이상한 느낌을 받았습니다. 오빠가 뒤에 포갠 손으로 엉덩이를 주물럭주물럭 만지고 있었습니다. 여자 아이는 긴장해 있었지만 오빠의 손은 계속 움직이고 있었습니다. '너무나 이상해. 싫은 느낌이야.' 하고 생각한 아이는 "걸을 수 있어. 괜찮아. 내려줘."라고 말했지만, 오빠는 "이제 곧 다 와 가."라고 말하면서 오히려 한층 더 강한 힘으로 몸을 눌렀습니다.

겨우 공원 사무실에 도착해서 상처를 치료받았습니다. 치료가 끝나자 오빠는 다시 자매가 있는 곳으로 돌아갈 때도 업어 주겠다고 했습니다. 하지만 아이는 "걸어갈 거야." 하고 외면하면서 아픔을 참고 필사적으로 걸었습니다. 그리고 공원에서 집으로 돌아올 때까지 자매의 곁에 꼭 붙어서 절대로 오빠 옆으로 가지 않으려고 노력했고, 눈도 마주치지 않았습니다.

어린아이의 무언의 호소에 귀를 기울이자

오빠는 집까지 바래다 주었지만 집에 도착하자마자 아이는 곧 방으로 들어가 문을 닫아 버렸습니다.

어머니에게 아무렇지 않은 듯 인사를 하는 오빠가 아주 싫어졌습니다. 오빠가 돌아가자 어머니는 "왜 상냥하게 인사하지 않니? 신세를 졌는데……" 하며 이상하게 여겼습니다. 그러나 아이는 아무 말도 하지 않고 그저 눈물만 줄줄 흘렸습니다. 어머니는 놀라서 물었습니다. "무슨 일이 있었니? 말해 봐. 엄마는 언제나 네 편이야." 그제서야 여자 아이는 싫은 일을 당해 기분이 나빴던 일과 어머니가 오빠에게 상냥하게 대한 것이 분하다는 것 등을 울면서 이야기했습니다.

마음에 상처를 남기지 않고 두 번 다시 반복되지 않게 한다

생각지도 못했던 사건을 접하면 어른이라도 너무 놀란 나머지 생각이 멈춰 버리는 경우가 있습니다. 그렇기 때문에 상대방이 말하는 대로 끌려가거나 행동하는 대로 끌려가는 경우가 있습니다. 물론 여자 아이가 나타낸 것 같은 거부의 태도는 취하기 어렵게 됩니다.

우선 어머니는 어린아이가 받은 상처나 슬픔을 그대로 모두 받아 주어야 합니다. 그리고 어린아이가 취한 행동이나 태도가 옳았다면 그것을 칭찬합시다. 기분이 상당히 침체되어 있다면 "다음부터는 어떻게 하면 좋을까?" 라고 부드럽게 물어서 대처할 수 있는 중요한 방법들을 말해 줍시다.

어른에게는 상냥하고 애교가 있는 사람이라도 어린아이에게 좋지 않은 행위를 하는 사람이 있습니다. 조금이라도 싫은 일을 당하면 그 사람은 위험 인물이라고 생각하고 가까이 가지 않도록 합시다. 특히 몸에 필요 이상으로 접촉하려고 하는 사람은 주의를 필요로 합니다.

어린아이에게 접근하는 위험 인물 Q & A

Q1 부모님들에게는 상냥하게 대해도 자신에게는 싫은 일을 하는 사람이 있다면 어떻게 합니까?

Q2 친구들과 친하게 지내는 사람이라면 자신이 싫다고 생각해도 괜찮습니까?

Q3 싫은 일을 당하면 부모님에게 말하지 않고 가만히 있는 편이 좋을까요?

A1 싫은 일을 당했다면 부모님에게 반드시 이야기합시다. 부모는 자녀가 이야기하는 것을 잘 듣도록 합시다.

A2 친구는 친구일 뿐입니다. 자신이 싫다고 생각되면 억지로 친할 필요는 없습니다.

A3 어린아이가 싫은 일을 당했다면 부모님도 슬픈 기분이 됩니다. 그래도 부모님에게는 꼭 이야기해서 비밀을 만들지 않도록 합시다.

약점을 잡아서 무서운 눈으로 보는 경우

아주 작은 일에서 시작되어 파문이 커지게 된다 어린아이들은 어쨌든 가지고 싶은 물건이 있는 법입니다. 상점을 들여다볼 때 저 물건이 탐난다…, 저것을 주머니에 넣고 싶다… 라고 생각할 수 있습니다. 물론 모두가 다 이런 생각을 하는 것은 아니지만 이것이 행동으로 옮겨지면 명백한 '훔치는 행위' 즉 범죄 행위가 됩니다.

만일 누구에게도 들키지 않고 성공했다고 해도 자신이 나쁜 짓을 했다는 죄책감을 잊을 수는 없습니다. 마음에 죄책감과 부담감을 가지고 '누군가에게 들키면 어떻게 하지?' 라는 불안감에 싸여 고민하게 됩니다. 이런 마음의 부담감이 더욱 심각한 사건과 관련이 되는 경우도 있습니다.

약점을 만들지 않는 포인트

1 '겨우 작은 것 하나인데' 라는 생각이 실수의 시작입니다. 손님을 가장하여 물건을 훔치는 것도 범죄 행위임을 확실하게 인식하게 해야 합니다.

2 단 한 번만으로 끝나지 않는 것이 물건을 훔치는 행위입니다. 재미로 '한 번만 더' 하는 생각이 끊임없이 계속됩니다.

3 세상에는 남의 약점을 이용하려는 사람이 있다는 것을 알아둡시다.

4 굳은 마음의 결심과 노력을 각오하고 믿을 수 있는 사람에게 이야기하는 용기를 내는 것도 매우 중요합니다.

나쁜 일을 했다는 죄책감이 쭈뼛쭈뼛 겁먹게 만든다

어떤 남자 아이가 상점에 들어가서 아무도 몰래 물건을 훔쳐 가지고 나왔습니다. 손님을 가장하여 도둑질을 한 것입니다. 아무에게도 들키지 않았기 때문에 아이는 또다시 훔치고 싶다는 생각이 들었습니다. 그래서 며칠 뒤, 상점 안에 있는 물건들을 탐색하고 있었습니다.

이때 이 아이는 자신이 물건을 훔치다 들키는 상상을 하고 있었습니다. 이 아이는 평정을 되찾으려고 했지만 여전히 쭈뼛쭈뼛 겁먹고 있었습니다. 아이가 물건에 손을 댄 순간 팔을 붙잡혔습니다. 너무 놀라서 아무 소리도 낼 수가 없었습니다. 쳐다보니 고등학생이나 대학생으로 보이는 여성이었습니다.

약점을 악용하는 사람들은 어디에나 있다

그 여성은 "너 잠깐 이리 와." 하며 팔을 확 잡아끌더니 상점 밖의 인기척이 없는 장소로 데리고 갔습니다. 그러더니 "너 물건 훔쳤지?" 라고 물었습니다. 전에 한 번 훔친 경험이 있던 아이는 그 순간 들켰다는 생각에 온몸이 굳어 버렸습니다. 오늘은 아직 훔치지 않았지만 이 여자는 그 전에 물건을 훔칠 때 보고 있었을지도 모른다고 생각했습니다.

아이가 긴장해서 가만히 있자 따라오라고 말했습니다. 어디로 가고 있는지 몰랐지만 어쨌든 건물 안으로 데리고 들어갔습니다. 여자는 "신체 검사를 해야 해."라고 말하면서 옷을 전부 벗겼습니다. 무슨 일을 당했는지 몰랐고 너무 무서워서 아무 소리도 낼 수가 없었습니다. 어머니도 하지 않았던 기분 나쁜 짓을 당했습니다. 상당히 기분이 나빴지만 자신이 물건을 훔친 것을 이 여자가 알고 있다고 생각했기 때문에 아이는 저항할 수 없었습니다. 그저 말없이 당하고만 있었습니다. 여자는 "이제 나쁜 짓 하면 안 돼!"라고 말하고 풀어 주었지만 아이에게는 불쾌한 감촉과 마음 속 깊이 무거운 무엇인가가 항상 남아 있었습니다.

심적 외상(트라우마)이 인생을 바꾸어 버린다

아이는 아무에게도 말하지 못한 채 세월이 흐른 뒤에야 자신이 어떤 일을 당했는지 알게 되었습니다. 여자 아이가 남자 어른에게 불쾌한 일을 당했다는 이야기는 들었지만 자신은 남자인데도 여자에게 불쾌한 일을 당했다는 충격이 컸습니다.

남자 아이는 그 일을 생각할 때마다 어렸을 때 물건을 훔쳤던 자신이 가장 나쁘다고 생각했습니다. '물건을 훔치지 않았다면 불쾌한 일을 당하지 않았을 텐데' 라고 생각했습니다. 나쁜 짓을 했다는 것이 약점이 된 것입니다.

그 이후 이 아이는 절대로 나쁜 짓을 하지 않았지만 마음속에는 그 여자에게서 받은 불쾌한 행위가 커다란 상처가 되었습니다. 어른이 되어서도 그것이 원인이 되어 자신은 다른 사람들과 다르다는 생각으로 괴로워했습니다. 어릴 때 받은 심적 상처가 사람의 인생을 다른 형태로 바꾸어 버린 것입니다.

성 피해는 여자 아이가 받는 경우가 많고 특히 연속 폭행범이 잡혔다는 신문이나 텔레비전의 보도를 접하는 경우가 있습니다. 실제로도 여자 아이나 여성은 남성들에게 여러 가지 차원의 피해를 받고 있습니다.

하지만 '남자 아이라면 상관 없겠지' 라고 방심할 수는 없습니다. 이 경우처럼 세상에 공공연하게 알려지지 않았을 뿐이지 잠재적인 피해가 꽤 있을 거이라 여겨집니다.

어린아이 때 받은 행위가 마음의 상처가 되어 오랫동안 괴로워하고 있는 사람도 있습니다. '성 피해는 여자 아이만 받는 것' 이라는 고정관념을 갖고 있으면 바른 대책을 세우지 못합니다.

아무것도 모르는 어린 시절에 성 피해를 입었다는 것은 학대를 받는 것입니다. 어떤 학대도 용서될 수 없습니다.

약점을 잡히면 두려움이 2배 Q&A

Q1 아무도 보는 사람이
없으면 해서는 안 되는
일을
해도 좋습니까?

Q2 너무 갖고
싶은 것이
있으면
가게에서
몰래 가지고
나와도
좋습니까?

Q3 모르는
여자에게
끌려가도
여자이기
때문에
괜찮습니까?

A1 아무도 보는 사람이 없어도 자신이 한 일을 자신은 알고 있습니다. 계속 나쁜 생각을 하게 되므로 그만둡시다.

A2 가게의 물건을 돈을 지불하지 않고 몰래 가지고 나오는 것은 절대 안 됩니다. 사고 싶은 것이 있으면 부모님과 상의합시다.

A3 여자라도 남들이 싫어하는 일이나 나쁜 일을 하는 사람이 있습니다. 모르는 사람을 따라가지 않도록 합시다.

뒤에서 미행당하고 있는지 점검한다

무방비 상태로 혼자 걷는 것은 위험 기분이 좋은 상태에서 주위에 아무도 없을 때 혼자 걸으면서 콧노래를 부르는 경우가 많습니다. 하지만 노래에 열중하다 보면 주위에 소홀하게 되고 이상한 사람이나 차가 접근해도 전혀 눈치채지 못하게 됩니다.

혼자 걸을 때는 앞을 잘 보고 걷고, 가끔 뒤돌아서 점검하여 뒤쪽도 조심하는 것을 잊지 맙시다. 만일 위험을 느꼈을 때는 곧바로 뛰어서 도망갈 수 있는 장소를 평상시에 봐 두는 것도 중요합니다.

뒤에서 미행당할 때의 포인트

1. 혼자 걸을 때 노래를 부르거나 골똘히 생각에 잠겨 느릿느릿 행동하지 맙시다.

2. 걸을 때는 앞을 잘 보고 걷고, 가끔 뒤를 돌아보며 수상한 사람이나 자동차가 따라오지는 않는지 점검합시다.

3. 위험할 때는(위험하다고 생각되면) 큰 소리를 질러서 도움을 청합시다.

4. 길거리에서 위험에 처했을 때 뛰어 들어갈 수 있는 가게나 아는 집을 만들어 둡시다.

노래에 열중해서 변태자를 눈치채지 못했다

노래를 좋아하는 어떤 여자 아이가 친구와 헤어져서 집으로 돌아오면서 큰 목소리로 노래를 부르며 걷고 있었습니다. 여느 때와 같은 익숙한 길이었지만 날이 저물 무렵이라 약간 어두웠습니다.

집이 거의 가까워졌을 때 갑자기 뒤에서 누군가가 어깨를 잡았습니다. 깜짝 놀라서 뒤를 돌아보니 모르는 아저씨가 서 있었습니다. 험상궂은 얼굴을 하고 있었기 때문에 놀라서 휙 빠져 도망쳤습니다. 그러자 그 남자도 뛰어서 쫓아왔습니다. 길거리에는 아무도 없었습니다. 소리를 지르지도 못한 채 겨우 집까지 도착했지만 현관문 손잡이를 잡는 순간 뒤쫓아온 남자가 뒤에서 껴안았습니다.

마침 문이 열리면서 외출하려고 신을 신던 오빠의 모습이 보였습니다. 큰 소리로 "오빠!" 하고 소리치는 순간 뒤쫓아 온 남자가 아이를 안으며 잡아당겼습니다. 몸이 공중에 뜬 아이는 "살려 줘, 오빠!" 하고 외치면서 필사적으로 문 손잡이를 잡았습니다. 오빠가 놀라서 뛰어나오자 남자는 당황해서 여자 아이를 내팽개치고 도망갔습니다.

성인 남자가 뛰어서 도망가면 남자 아이는 따라갈 수 없습니다. 순식간에 도망쳐 버리는 바람에 오빠는 포기하고 돌아왔습니다. 아이는 웅크리고 앉아 공포에 몸을 떨었습니다. 오빠가 걱정스러운 표정으로 "괜찮니?" 하고 물었습니다.

아이의 소리를 듣고 엄마가 2층에서 급하게 뛰어내려왔습니다. 여자 아이는 엄마에게 매달리며 호소했습니다. "노래를 부르면서 걷고 있는데 갑자기 어깨를 붙잡혔어요. 막 도망치는데도 끝가지 따라왔어요. 본 적도 없는 아저씬데 어디서부터 따라왔는지 몰라요. 오빠도 본 적이 없는 사람이라고 했어요."

결국 큰 일이 일어나지 않고 무사히 끝났지만 어머니는 경찰서에 전화를 해서 사건의 내용을 모두 알렸습니다.

혼자서 걸을 때는 특히 뒤쪽에 주의를 기울인다

친구들과 헤어져 때 혼자서 걷게 되는 경우는 어쩔 수 없습니다. 어쩌면 이 여자 아이도 혼자서 걸어가는 것이 쓸쓸해서 기분 전환을 하려고 노래를 부르고 있었는지도 모릅니다.

그러나 그 때문에 주위의 상황, 특히 자신의 뒤쪽에는 전혀 주의를 기울이지 못했던 것입니다. 자신의 노랫소리 때문에 사람이 접근해 오는 발소리나 자전거, 오토바이, 자동차가 다가오는 소리를 듣지 못하고 자신의 바로 앞에 있는 것밖에 볼 수 없었던 것입니다.

노래를 부르면서 걸으면 뒤에서 나쁜 사람이 따라와도 알아차리지 못하게 됩니다. 이 경우처럼 나쁜 일을 당하는 경우도 있습니다. 노랫소리는 그 사람이 여자인지 남자인지를 알려 주게 됩니다. 노래를 부르면서 걷는 일을 하지 않는 것이 좋겠지요? 단, 노래 부르는 것을 좋아하는 아이라면 위험한 일을 당했을 때 "도와줘요." 하고 큰 소리로 외칠 수도 있을 겁니다. 활발하고 큰 소리를 칠 수 있다는 의미에서 노래를 부르는 것은 좋은 일입니다. 안전한 장소에서 노래를 부르도록 주의를 기울입시다.

지나다니는 길에 피신 장소를 알아 둔다

혼자서 걸을 때는 앞을 잘 보고 가끔 뒤를 돌아보고 이상한 사람이 따라오지는 않는지, 수상한 차는 없는지를 확인합시다.

생각하기도 싫은 일입니다만 어린아이를 뒤쫓아와서 겁을 주거나 이상한 짓을 하는 어른들이 있다는 것을 알아 두어야 합니다. 만일 누군가가 뒤쫓아온다면 지나가는 길의 중간에 피해 들어갈 가게나 아는 집, 또는 '응급 전화 119' 등 피신할 수 있는 장소를 반드시 확인해 둡시다.

위험한 일을 당하거나 모습이 이상한 사람을 보았다면 반드시 부모님께 말씀드리고 경찰서에 신고해야 합니다.

 엄마와 아이가 꼭 알아야 할 필수 안전 수칙 38가지

뒤에서 미행당하지 않기 위한 Q & A

Q1 길을 걷고 있을 때 앞만 보고 걸으면 됩니까?

Q2 혼자 걸을 때 쓸쓸하다고 해서 노래를 부르면서 걷는 것은 안전합니까?

Q3 친구 집에서 자신의 집까지 가는 도중에 위험한 일을 당하면 피할 장소가 있습니까?

A1 위험한 일은 뒤에서 일어나는 경우가 많으므로 안전한 장소에서 가끔 뒤를 돌아보도록 합시다.

A2 자신의 노랫소리 때문에 차나 사람이 접근해 오는 소리를 듣기 어려우므로 부르지 맙시다. 노래는 안전한 장소에서 부르도록 합시다.

A3 도중에 위험하다는 생각이 들 때 도망칠 수 있는 장소를 평상시 부모님과 함께 확인해 둡시다.

유괴당하지 않을 아이로 지키는 부모

어린아이에게 뻗치는 유괴의 마수 "어머니가 교통사고를 당했으니 함께 병원에 가자."라고 아이를 유인하는 수법은 고전적이고 상투적인 수법입니다.

평상시 '모르는 사람을 따라가서는 안 된다' 고 아이에게 가르쳐도 실제로 일이 발생했을 때 아이들은 정말 그럴까요?

모르는 사람이 "선생님이 부르셔. 너를 데리고 오래."라고 말한다면 어떻게 할까요?

또 평상시에 알고 있는 사람에게 유괴되는 경우가 있는 것도 염두에 두어야 합니다. 어린아이의 유괴를 막기 위해서는 모든 경우를 상상한 사례 연구가 필요합니다.

유괴를 막기 위한 포인트

1 유괴당할 소지가 있는가 없는가를 타인의 눈에 비치는 모습을 근거로 냉정하게 판단해 봅시다.

2 어린아이의 행동 범위를 모두 파악해서 유괴당할 위험이 있는 장소를 점검합시다.

3 유괴를 막기 위한 약속을 하는 등 보호자와 선생님과의 연대도 중요합니다.

4 일어날 수 있는 경우를 근거로 머릿속으로뿐만 아니라 몸으로 실천할 수 있는 예행 연습을 해 봅시다.

"우리 아이는 괜찮을까?"라는 판단을 다시 해 본다

먼저 가정에서 유괴될 소지가 있는지를 한번 생각해 봅시다. 우리 집을 객관적으로 냉정하게 판단하는 것이 중요합니다. 직업이나 사업 내용, 가족 상황, 수입이나 생활 수준 등을 고려해서 남들은 돈이 있는 집이라고 생각할지도 모릅니다. 실제의 상황과는 달리 남들의 눈에 어떻게 비치는가 하는 것이 포인트입니다.

큰집에 살고 있다고 다 돈이 많다고는 할 수 없지만, 남들이 보면 '저렇게 큰집에 살고 있으니까 돈이 있을 거야.'라고 생각할 수 있습니다.

엉뚱하게 '유산을 많이 받았겠지.', '이혼하고 위자료를 많이 받았을 거야.' '보험금을 많이 받았겠지.' 등등 많은 돈이 생겼을 것이라고 평가받는 경우도 있습니다. 또는 사회적인 지위가 높다, 차를 고급으로 바꾸었다, 언제나 고급 물건을 몸에 지니고 다닌다 등 사람들은 여러 면에서 제멋대로 해석할 수 있습니다.

돈이 있는 집안의 어린아이는 위험하다

어린아이라도 어느 정도의 재력이 있다고 남들이 평가하면 유괴될 위험성이 높다고 생각할 수 있습니다. 유괴는 원래 성공률이 매우 낮은 범죄인데도 불구하고 쉽게 생각하여 범행에 뛰어드는 사람이 있습니다. 특히 VIP라고 불리는 사람이나 돈이 많은 집의 아이들은 유괴당할 위험성이 있습니다. '우리 집은 그 정도의 부자가 아니야.'라고 생각해도 남들이 그렇게 생각하지 않을 경우가 있습니다. 위험 관리의 원칙인 '최악의 사태'를 상정해서 평상시에 마음의 준비를 해 두는 것이 좋겠지요.

어린아이를 둘러싼 모든 상황을 파악해야 한다

아이가 이용할 만한 루트 즉 행동 범위를 정해 주위를 확실히 파악하여 위험 장소를 잘 발견해 두고, 어떤 장소에서 무슨 일이 일어날 수 있을까 하는 것을 생각해 봅시다. 차가 접근하여 납치할 수 있는 위험한 장소는 없는지, 건물 뒤에서 팔을 뻗쳐서 끌고 갈 만한 장소는 없는지 하는 것들을 확실하게 확인해 둡시다.

소리를 지르고 행동하는 연습이 만일의 사태를 피할 수 있다

모르는 사람이 찾아와 "어머니가 교통 사고를 당하셨어." 라고 말하면서 같이 갈 것을 요구한다면, '아버지에게 전화를 해서 확인하자' 든가 '먼저 경찰서에 가자' 고 대답해서 우선은 사고를 확인하는 것이 좋습니다.

학교에서 돌아오는 길에 '선생님이 부른다' 면서 접근하는 사람이 있다면 '어머니께 여쭤 보고요', '선생님은 모르는 사람에게 그런 일은 부탁하지 않아요' 라고 대답하도록 연습시킵시다. 물론 선생님도 보호자 이외의 사람에게 아이를 불러오도록 부탁하는 일은 삼가야 합니다.

이런 일은 실제로 소리를 내서 연습해 보지 않으면 효과가 없습니다. 화재 훈련처럼 상황을 예상해서 연습해 둡시다. 이것은 가정에서 할 수 있으므로 가족끼리 실습해 봅시다.

사람은 연습해 보지 않은 것은 익숙해지지 않는 법입니다. 소리치는 것을 반복해서 연습해 두면 만일의 사태가 발생했을 때 저절로 방어할 수 있게 됩니다.

물론 있어서는 안 되는 사태이고 그렇게 되지 않을 가능성이 많지만 쓸데없는 일이라고 무시해 버릴 만큼 지금 사회는 안전하지 않습니다.

어린아이의 성격이나 체력 등을 고려해서 어떻게 하는 것이 아이의 안전을 지킬 수 있는 지름길인가를 생각하는 것이 무엇보다 바람직합니다. 그러기 위해서는 부모와 자식간의 대화가 가장 중요합니다.

유괴당하지 않기 위한 Q&A

Q1
"유괴당했을 때는 어떻게 해야 하나요?"라고 어머니와 아이가 생각해 본 일이 있습니까?

Q2
"선생님이 불러."라고 모르는 사람이 말한다면 어떻게 합니까?

Q3
실제로 일어나지 않을 수 있는 일도 연습해 보는 것은 필요한 일입니까?

A1 생각해 본 일이 있으면 "그러면 유괴당하지 않기 위해서 어떻게 해야 할까?"를 부모님과 서로 이야기해 봅시다.

A2 학교 선생님에게 먼저 상담해서 확인할 것. '선생님은 모르는 사람에게 그런 일을 부탁하지 않는다'는 것을 확실히 확인해 둡시다.

A3 화재 훈련처럼 방법 훈련도 필요합니다. 그런 일이 발생하지 않으면 다행입니다. 하지만 만일의 경우 일어났을 때를 대비해서 연습합시다.

혼자 있을 땐 초인종이 울려도 문을 열지 않는다

아이 혼자 집을 보고 있을 때 어린아이가 집을 지킬 때에는 특별히 주의를 요합니다.

어린아이만 집을 지키고 있을 때 "띵-동-" 하고 벨이 울리면 인터폰에 응답하거나 문을 여는 아이가 있습니다. 쉽게 문을 열어 주면 결과적으로 부모님이나 어른이 계시지 않는다는 것을 알리게 되므로 어린이들은 대응하지 않는 것이 좋습니다. 물론 문이나 창문은 꼭 잠가 두는 것도 잊지 말아야 합니다. 만일 부모가 외출하고 없는 시간에 아이들이 집에 돌아온다면 수상한 인물이 있는지 주위를 잘 확인하고 나서 문을 열도록 가르칩시다.

안전하게 집을 지키는 포인트

1 어쩔 수 없이 어린아이가 혼자서 집을 보게 될 때는 안전을 확인시키기 위해서 약속을 정해 둡시다.

2 전화나 방문자에 대해서도 어린아이 혼자 있다는 것을 알리지 않도록 합시다.

3 어린아이가 있어도 없는 것처럼 가장해서 아무도 없는 것으로 생각하고 물러가게 하는 편이 좋습니다.

4 도둑의 침입에 대비해서 창문, 문, 베란다 등 침입구가 될 만한 장소를 점검합시다.

창문이나 문을 잠그는 것을 잊지 않는다

"택배요!"라고 소리쳐서 문을 열어 준 여자아이를 폭행하는 사건이 많이 일어나고 있습니다. 택배나 우편으로 배달되는 물건은 대답하지 않으면 연락처를 남겨 놓거나 다음날 배달해 줍니다.

반드시 받아야 되는 것은 가족들이 있는 시간대를 미리 지정해서 배달하게 할 수도 있습니다. 방문자도 올 것이라고 약속되어 있는 사람에게만 대응시킵시다. 그럴 경우 초인종을 울리는 방법 등 신호를 결정해서 전해 주고 초인종이 신호처럼 울리면 문을 열게 하는 것도 좋은 방법이겠지요?

또 가족들이 돌아온 것을 알 수 있도록 가족 간에도 초인종 울리는 방법을 정해 둘 것을 권장합니다. 가끔씩 또는 정기적으로 초인종을 울리는 방법을 바꿀 필요가 있습니다.

문을 열 때는 주위를 잘 둘러본다

아무도 없는 집에 어린아이 혼자 돌아올 때는 부모가 없다는 사실이 노출되지 않도록 "다녀왔습니다!" 하고 큰 소리로 말하도록 가르칩시다.

또 아무도 없는 집에 돌아와서 문을 열 때는 주위를 잘 둘러보고 수상한 사람이 있는지 없는지를 확인하고 들어가는 습관을 붙여 줍시다.

특히 여러 가구가 모여 있는 공동 주택 등에서는 현관 부분이 통로보다 들어가 있어서 접근하는 사람이 보이지 않는 경우가 있습니다. 문을 여는 순간 뒤에서 밀쳐서 피해를 당한 경우도 있으므로 주의가 필요합니다.

방문자가 제복을 입고 있다고 무조건 믿어 버리는 경우도 위험합니다. 그런 복장을 하고 있어도 진짜가 아닐 때가 많습니다. "소방서에서 왔습니다." 하면서 마치 소방서에서 근무하는 사람인 양 소화기를 강매하는 '악질 상인'도 있다는 것을 알아둡시다.

어린아이 혼자 빈집을 지키고 있을 때는

부득이하게 어린아이가 혼자 집을 지키게 될 경우에 대비해서 자택의 간단한 약도를 준비해 둘 것도 권장합니다. 침입하기 쉬운 장소가 어딘지를 한눈에 알아볼 수 있도록 해 둡시다. 그리고 확실하게 문을 잠갔는지를 확인하고, 한 군데 한 군데마다 눈으로 확인하면서 손으로 만져 보고 점검하도록 합시다.

집안뿐만 아니라 건물 밖에서도 침입하기 쉬운 장소에 발 디딜 곳이 있지나 않은지를 아이와 함께 살피고, 있다면 제거합시다.

또 창문 등 유리의 강도를 확인해서 불안한 경우에는 유리를 교환한다든지 창문에 비산 방지 필름 등을 붙여서 보강해 둡시다. 누군가가 유리창에 손을 대면 경보음이 울리는 방범 용품도 안전을 위해서는 고려해 볼 만합니다.

각각의 장소에 어울리는 상품을 선택하는 것이 좋습니다. 도둑의 침입을 당하고 나서 방법 용품을 설치하거나 경비 회사에 경비를 의뢰하는 일은 누구라도 할 수 있는 일입니다. 피해를 당하기 전에 어느 정도의 대책을 세우는가가 중요합니다. 특히 어린아이가 있는 가정에서는 어른만 있는 가정보다 더 세심한 방범 대책이 필요합니다.

혹시 "이런 대책을 왜 세우지?" 하는 의문이 생기는 분이 있으신가요? 그 이유는 만에 하나 있을지도 모를 위험에서 아이와 가족을 지키기 위함입니다. 피해를 당하고 후회하면 이미 늦습니다. 가능한 한 대책을 세워 두는 것이 피해를 당할 가능성을 최소한으로 줄이는 길입니다.

어린아이 혼자 집을 지킬 때 Q&A

Q1
어린아이만 집을 지키고
있을 때 초인종이 울리면
현관문을 열어 줍니까?

Q2
아무도 없는
집에 들어갈
때도
"다녀왔습니다."
라고
인사합니까?

Q3
현관문을 열
때 주위를 잘
둘러보고
아무도 없는
것을
확인합니까?

A1 문을 꼭 잠그고, 정해져 있는 상황 이외에는 누가 와도 문을 열어 주지 않습니다.

A2 언제나 활발하게 "다녀왔습니다."라고 인사합시다.

A3 이상한 사람이 함께 들어오지 않도록 주위를 잘 둘러봅시다.

평소 아이가 전화를 받지 않도록 한다

누군가가 전화를 한다면 재잘거리기 좋아하는 어린아이들이 전화를 받으러 가거나, 전화 벨이 울렸을 때 아이가 부모보다 먼저 달려가 전화를 받는 경우가 자주 있습니다.

그러나 평상시에 어린아이들이 전화를 받지 말도록 주의시켜야 합니다. 어린아이들이 전화를 받을 경우에는 모르는 사람에게 새나가는 정보가 많아지게 됩니다. 어린아이들이 전화를 받게 되면 어린아이가 있는 집이라는 것을 알게 되고, 그것으로 가족의 수를 예상할 수 있게 됩니다.

전화 외판원들의 술수에 어린아이가 대답을 해 버리는 경우도 있습니다.

전화 문제를 피하는 포인트

1. 어린아이가 전화를 받으면 가족 구성원 수를 알리는 등 가정의 정보가 새나가므로 전화를 받지 못하도록 합시다.

2. 전화로 권유를 받았을 때 어린아이들은 상대방이 말하는 대로 따르기 때문에 금전적인 문제가 발생할 수도 있습니다.

3. 집안 이외의 장소에서도 전화를 받지 않도록 부재중 전화를 설치합시다. 어른은 전화를 받아도 좋다고 정해 둡시다.

4. 세일즈 전화에 응답하지 않도록 호출음의 횟수로 판단하게끔 약속을 정해 둡니다.

가족 구성원 수를 알려 주게 된다

어린아이가 전화를 받으면 적어도 어린아이가 있는 가정이라는 것이 당연히 알려지게 됩니다. 어린아이의 나이를 알면 부모의 나이도 대충 예상할 수 있습니다. 전화를 받은 아이가 여자 아이라는 것을 알면 위험한 일이 생길지도 모릅니다. 예를 들면 부모님이 집에 없을 때 택배를 가장하여 문을 열어 달라고 해서 폭행을 당할 위험이 있습니다.

금전적인 문제가 발생할 위험도 있다

또 전화를 받은 어린아이는 갑자기 질문을 받으면 무방비 상태로 대답해 버리거나 물건을 파는 전화에 긍정하는 대답을 하거나 약속을 해서 계약을 하는 경우도 발생할 수 있습니다. 물론 어린아이가 대답한 것은 법적인 구속력은 없지만 번거로운 문제에 휘말리지 않도록 미리 주의하는 것이 좋습니다.

가족 간의 연락은 부재중 전화를 이용한다

부모가 일이 있어서 외출을 하게 되어 부득이하게 어린아이만 집을 지키는 경우도 있습니다.

화재가 발생할 수 있는 원인을 아예 차단하고 문단속을 확실하게 하는 것은 당연한 일이고, 부모가 집에 없을 때 걸려온 전화에도 다음과 같이 대응하도록 교육해야 합니다.

우선 부재중 전화를 설치해 두고 응답 음성이 나온 뒤에 사람을 가려서 전화를 받도록 하고, 가능하면 부모가 있을 때 받도록 정해 둡시다. 부재 전화기의 종류에 따라서는 누가 전화를 했는지, 또 전화를 건 사람에 따라 호출음을 나누어 설정할 수 있는 것도 있습니다.

보통은 전화번호를 알려 주지 않는 호출음으로 설정해 두고, 집안 식구끼리는 번호를 알려 주어서 걸게 하면 집안 식구와 타인의 전화를 식별할 수 있습니다.

부재중 전화를 이용하지 않을 경우에는 '한 번 울리고 끊어지고 나서 다시 울릴 때 받는다' 는 등 부모와 아이가 약속을 정해 두면 좋습니다.

"한 번 전화벨을 울리고 다시 거는 것은 우리 가족이야."라고 알고 있으면 전화를 받기 전에 점검할 수 있습니다. 이렇게 하면 수상한 전화나 세일즈맨의 전화에 주의할 수 습니다.

부모가 집을 비웠을 때 아이가 전화를 받을 경우의 응답

세일즈맨 : "어머니 계십니까?"

아 이 : "지금 안 계세요."

"네 이름이 뭐니?"

"○○예요."

"○○는 ㅁㅁ이 좋니?"

"예, 좋아요."

"갖고 싶지?"

"예, 갖고 싶어요"

"그럼 어머니에게 말씀드려 봐."

"글쎄요."

"너희 어머니는 상냥하시니까 네가 갖고 싶다고 하면 사 주시겠지?"

"예."

"그러면 ○○야! 너희 집에 물건을 보낼 테니까 주소 좀 알려 줄래? 정확히 말해."

순진한 아이일수록 "예, ◇◇구 ◇◇동 몇 번지입니다."라고 알려 줄 정도로 상대방의 수법에 말려 들어가기 쉽습니다.

전화가 걸려와도 집에 사람이 없을 때는 어린아이가 받지 않도록 알아듣게 타이릅시다.

아이가 전화를 받게 하지 않기 위한 Q&A

Q1 이야기를 잘할 수 있으면 어린아이가 전화를 받아도 좋습니까?

Q2 집안 식구끼리 부재중 전화의 사용법이나 사인을 사용하는 등 서로 이야기할 수 있는 방법을 연구하고 있습니까?

Q3 전화를 받아도 얼굴이 보이지 않으니까 상관이 없습니까?

A1 여러 가지 좋지 않은 상황을 만들 수도 있습니다. 어린아이들은 전화를 받지 않는 편이 좋겠지요?

A2 전화가 울리면 바로 받는다는 것은 어떤 위험이 있을지 모르는 일입니다. 가족끼리 사인을 정해 둡시다.

A3 얼굴이 보이지 않아도 성별이나 나이는 추정할 수 있습니다. 특히 어린아이의 목소리를 금방 알 수 있습니다.

없어도 있는 것처럼 보여서 쫓는다

어린아이만 집을 지키고 있을 때 사람이 왔다면 안에 아무도 없는 듯이 가장하도록 앞에서 서술했습니다만 깜빡하고 대답을 해 버렸을 경우 집안에 사람이 있는 것을 들킬 경우가 있습니다.

세일즈 맨이 끈질기게 권유하는 등 대응이 어려운 상대라면 어떻게 하는 게 좋을까요?

대답을 했는데도 발로 문을 차거나 순순히 돌아가지 않는 경우도 있겠지요? 그럴 때는 '거짓말도 한 방편'이라는 말처럼 어른이 집안에 있는 것처럼 보이게 하는 연구가 필요합니다.

부모가 부재중일 때의 대응 포인트

1   초인종이나 노크 방법을 연구해서 가족임을 알 수 있는 신호를 정해 둡시다.

2   가족들 간에 서로 정해 놓은 신호 이외의 초인종이나 노크에는 대답을 하지 맙시다.

3   깜빡 잊고 대답을 해 버렸다면 부모님을 부르는 시늉을 해서 이야기를 끊고 문단속을 잘합시다.

4   가족 간의 신호나 사인을 정해 두면 안전 대책에 도움이 됩니다. 일정 기간이 지나면 내용을 바꾸는 것도 좋습니다.

'거짓말도 한 방편'

세일즈맨이나 무언가를 권유하는 사람에게 바로 대답을 했거나 문을 열어 주었을 때는 "아버지, 누가 왔어요.", "아버지에게 물어보고요.", "어머니를 부르겠습니다."라는 식으로 말하고 곧바로 인터폰을 끊습니다. 문을 열었다면 반드시 닫고 열쇠를 잠급시다. 평소에 가르치고 있는 '거짓말을 하면 안 된다'는 말과는 반대되는 행동이지만, 어린아이에게 '가족과 자신을 지키기 위해 꼭 필요한 정당한 방법'이라는 것을 설명합시다.

'거짓말도 한 방편'이라는 말이 있습니다. 이 방편은 본래의 중요한 목적(이 경우는 자신이나 가족의 '안전')을 위해 사용하는 편의적인 수단입니다. 자신들의 안전을 위해 필요한 지혜이며, 어쩔 수 없이 사용하는 수단입니다.

엄마라고 생각해서 문을 열었다면

어떤 여자 아이가 혼자 집에 있을 때 "띵- 동-" 하고 초인종이 울렸습니다. 엄마라고 확신하고 문을 열어 보조키 체인을 풀었습니다. 하지만 모르는 남자가 "너 혼자 있니?" 하고 물으면서 빙긋이 웃고 서 있었습니다. 깜짝 놀라서 "누구세요?" 하고 물어보는 것이 고작이었습니다.

남자는 "아버지와 잘 아는 사람이야. 너 지금 혼자 있지?"라고 말하면서 집안으로 들어오려고 했습니다. 여자 아이는 그 순간 "엄마, 누가 왔어. 모르는 남자야!"라고 소리쳤습니다.

남자가 "뭐야? 부모님 계셔?" 하면서 뒤로 물러섰고 아이는 급히 문을 잠그고 열쇠를 채웠습니다.

아이는 다시 큰 소리로 "엄마! 빨리 와. 모르는 사람이야. 아빠하고 잘 알고 있대." 하면서 집안으로 뛰어들어갔습니다.

정신을 차리고 집안 창문이 잠겨 있는지를 확인하고 한참 뒤에 현관으로 가서 밖의 소리를 들어 보았더니 아무도 없는 것 같았습니다. 디디고

올라설 것을 가지고 와서 문틈으로 밖을 내다보았지만 역시 아무도 없었습니다.

그때 어머니가 돌아왔습니다. "띵동" 하고 초인종이 울리더니 "엄마야. 짐이 있으니까 문 좀 열어 줘."라고 했습니다. 혹시 하는 생각에 문틈으로 엄마의 모습을 확인하고 문을 열었습니다. 어머니는 "왜 발판을 가지고 왔니?" 하면서 놀란 표정을 지었습니다.

조금 전에 일어난 일을 모두 이야기하자 어머니는 깜짝 놀라면서도 아이의 행동을 칭찬했습니다.

가족임을 알 수 있는 신호를 연구한다

실제로는 집에 어머니가 계시지 않았는데 계시는 것처럼 행동해서 수상한 남자를 쫓은 것은 여자 아이의 순간적인 기지였습니다. 하지만 그렇지 않고 무슨 일이 일어났을지를 생각해 보면 끔찍한 일이겠지요. 남자는 도둑이었을지도 모르고 여자 아이에게 나쁜 짓을 했을지도 모릅니다.

그 뒤로 이 아이의 집에서는 초인종 누르는 방법을 결정했습니다. 초인종만을 누르는 것이 아니라 문을 '쾅, 쾅, 쾅' 하고 세 번 두드리자는 등의 신호도 정했습니다. 혼자서 집을 지키고 있을 때는 가족 간의 신호가 아닌 초인종 소리나 노크에는 문을 열지 않도록 했고, 누가 찾아와도 아무도 없는 것처럼 행동하기로 했습니다.

가족 간에 신호나 암호를 정해 두면 여러 면에서 도움이 되는 경우가 있습니다. 게임을 즐길 때처럼 즐거운 기분으로 하면 부담도 없고 적극적으로 아이들과 함께 참가할 수 있습니다.

일정한 기간이 지나면 가끔 내용을 바꾸는 등 평상시에 안전 대책에 신경 쓰면 어린아이들도 은연중에 위험 관리 의식이 몸에 배게 될 것입니다.

생활의 일부분으로 생각해 보면 어떨까요?

Q1

어린아이가 혼자 집을
지키고 있을 때 깜빡
잊고 밖에서 부르는
소리에 대답을 했다면
어떻게 합니까?

Q2

누가 오면
모르는
사람이라도
문을 열어
줍니까?

Q3

집에 사람이
없는데 있는
것처럼
보이는 것은
거짓말이라도
괜찮습니까?

A1 집에 사람이 있는 것처럼 생각되도록 연구합시다. "엄마는 지금 바쁘니까 다음에 오세요."라고 대답합시다.

A2 문은 절대로 열지 말도록 합시다. 모르는 사람이라면 더더욱 안 됩니다.

A3 자신이나 가족을 지키기 위해서는 해도 되는 거짓말이 있는 것입니다. 아버지나 어머니와 서로 잘 이야기 해 봅시다.

물건이 배달되어 와도 문을 열어 주지 않는다

확인하지 않고 문을 여는 것은 위험 "택배입니다." 하는 소리에 아무런 의심도 없이 문을 열어 버리는 사람이 실제로 많이 있습니다.

시댁이나 친정에서 오는 물건 등 오기로 예약되어 있는 물건이 있다면 얼떨결에 확인해 보지도 않고 문을 열어 주게 됩니다.

그러나 잠깐 기다립시다. 가능하면 인터폰으로 물건이 어디에서 온 것인가를 확인하고 나서 문을 열어 줍시다. 얼떨결에 문을 열어 주어 버리면 뛰어들어온 수상한 사람에게 방안으로 밀려들어가 버리는 경우가 있습니다. 특히 힘이 없는 어린아이들 경우에는 한층 더 주의가 필요합니다.

택배 물건에 속지 않는 포인트

1 어린아이 혼자 집에 있을 때는 인터폰에 대답하지 않도록 합니다. 얼떨결에 대답했다면 절대로 문을 열지 않도록 합니다.

2 택배로 물건이 배달되어 와도 절대로 대응하지 말도록 평상시에 아이와 확실하게 약속해 둡니다.

3 침입당할 위험이 있는 장소는 열쇠를 채우고 방범 용품으로 보강합니다.

4 빈집인 줄 알고 침입하면 물건 소리를 내거나 119번에 전화를 걸어 큰 소리로 말합니다.

아이에게는 택배 물건을 받지 않도록 약속한다

성인 여자도 택배를 가장한 사람에게 속아서 피해를 당한 경우도 있습니다. 어린아이라면 더욱 주의가 필요합니다.

택배업자들은 부재중임을 알면 확인표를 남기고 가거나 다음날 다시 배달하기 때문에 어린아이가 받을 필요는 없습니다. 그러나 평상시에 그런 약속을 정해 두지 않으면 갑자기 집을 비우게 될 때 아이들이 얼떨결에 대응하는 경우가 있습니다. 확실한 택배 배달원이라면 아무 일이 없겠지만 만일 택배 배달원을 가장한 나쁜 사람이라면?

도움을 주는 착한 아이가 피해를 입을 수 있다

여자 아이가 혼자서 집을 지키고 있던 중에 물건을 배달하는 사람이 인터폰을 눌러 말했습니다. 평상시에 엄마가 하는 것처럼 반갑게 문을 연 순간 평상복 차림의 남자가 서 있었습니다. 손에는 아무것도 들고 있지 않았습니다. "어머나, 깜짝이야!" 하는 순간에 남자가 안으로 밀고 들어와서 손을 뒤로 해서 문을 잠갔습니다. 숨을 거칠게 쉬고 나서 남자는 칼을 꺼내 들고 "얌전하게 시키는 대로 하지 않으면 죽여 버리겠어." 라고 윽박지르고는 여자 아이의 얼굴에 칼을 내밀었습니다.

아이는 저항하지 못하고 폭력을 당했습니다. 몸과 마음에 말로 할 수 없는 상처를 입은 아이는 회복하는 데 아주 긴 시간이 걸렸습니다.

의심할 줄 몰랐기 때문에 얼떨결에 문을 열어 이 같은 비극을 초래한 것입니다.

혼자서 집을 지키고 있을 때는 문을 열어 주어서는 안 됩니다. 인터폰으로도 응답하지 맙시다. 초인종을 누르는 방법을 정해서 가족임을 알 수 있도록 하는 방법도 좋겠지요.

집이 비어 있다는 것을 감추는 것도 필요한 위험 대책

또 초인종이 울려도 대응하지 않으면 빈집이라고 판단해서 빈집털이에게 피해를 당할 우려도 있습니다. 사람이 없는 빈집일 줄 알고 들이온 도둑에게 피해를 당할 위험성도 있습니다.

이런 피해를 막기 위해서는 침입할 수 있는 장소를 확인하고 열쇠를 잠그거나 방범 버저 등의 대책 상품을 보강해 둡시다.

가족의 수가 적을수록 아이 혼자 지키는 것은 피할 수 없는 일이겠지요? 항상 대비를 하면 터무니없는 사태를 막을 수 있습니다. 위험에 대비하기 위해서는 여러 가지 상황을 예상해서 대책을 생각해 보는 것이 필요합니다.

침입자가 있을 때의 행동

어린아이 혼자 있을 때 창문 유리를 깨려고 하거나, 문을 달각달각 열려고 하는 사람이 있습니다. 침입하려는 사람이 있다는 것을 알아차렸을 경우에는 텔레비전 소리를 크게 틀어 놓거나 방문 등을 열었다 닫는 등 큰 소리를 내거나 노래를 부르거나 해서 사람이 있다는 것을 알립시다.

어느 곳에서 침입하려 하는지를 알면 대처 방법도 달라집니다. 반대쪽의 출입구, 예를 들면 창문으로 침입하려고 한다면 현관으로, 현관에서 침입하려고 한다면 창문으로 피하는 등 피난 경로를 확인해 둡시다.

특히 이웃이나 믿을 수 있는 사람의 집으로 피할 수 있도록 미리 연습해 두는 것이 중요합니다. 도망칠 수 있는 시기를 놓쳤다면 무선 전화를 가지고 집안 어딘가 문을 잠글 수 있는 안전한 장소로 도망쳐서 119번으로 전화하도록 합시다.

무선 전화가 없어도 있는 것처럼 침착하게 큰 소리로 전화를 거는 시늉을 합시다.

119번에 거는 방법은 평상시에 아이에게 연습시켜 두도록 합시다.

업자를 가장하는 악질적인 인물 Q&A

Q1 "배달왔습니다." 라고 말하면 곧 문을 열어 줍니까?

Q2 어린아이 혼자 집을 지키고 있을 때 물건이 배달되어 왔다면 어떻게 대응할 것인지 정해 놓고 있습니까?

Q3 문이나 창문을 열려고 하는 사람이 있다면 어떻게 합니까?

A1 집에 다른 사람이 없을 때는 대답하지 않도록 합시다. 만일 인터폰을 받았다면 "미안합니다. 다음에 오세요." 라고 말해서 물러가게 합시다.

A2 예상하지 않았을 때 짐이 배달되어 올 수 있습니다. 그럴 때는 초인종이 울려도 문을 열지 않도록 합니다.

A3 매우 위험한 상황이므로 침착하게 119번으로 전화를 걸도록 합시다.

제복 입은 사람이 와도 문을 열지 않는다

어린아이 혼자 있을 때 대답은 피한다 각 가정마다 하루 동안에도 많은 사람들이 방문을 합니다. 택배 배달원이나 선물을 배송하는 회사의 직원, 전기 관계자나 가스 검침원, 여러 종류의 세일즈맨이나 종교를 권유하는 사람 등이 있습니다.

어른이라면 인터폰으로 보아서 판단하거나 물건을 받을 수 있지만 어린아이는 충분한 판단이 서지 않습니다. 어린아이 혼자서 집을 지키고 있을 때는 예정되어 있지 않은 방문자에게 대답하지 않도록 가르칩시다. 전화를 받지 말도록 하는 것도 앞에서 이야기했습니다만 어린아이가 혼자 있는 것이 알려지면 좋지 않은 결과를 가져올 수 있기 때문입니다.

제복 차림에 속지 않는 포인트

1. 어린아이 혼자서 집을 지키고 있을 때는 예정된 방문자 이외의 사람에게 응답하거나 문을 열지 않도록 할 것.

2. 혼자 있다는 것이 알려지면 매우 위험합니다. 혼자 있다는 것을 알리지 않기 위해서는 대응하지 않는 것이 가장 좋습니다.

3. 변태자들의 수법은 교묘합니다. 제복을 악용하는 것도 그중 하나의 수법임을 기억합시다.

4. 수상한 사람이 나타나거나 불쾌한 일을 당했다면 다음 피해자가 생기지 않도록 하기 위해 119번으로 전화합시다.

제복 차림의 남자는 혼자 집 지키는 어린아이를 겨냥한다

어느 초등학교 여자 아이가 혼자서 집을 지키고 있는데 초인종이 울렸습니다. 어머니는 한 시간 후에 돌아온다고 말하고 외출했기 때문에 아직 돌아올 시간이 되지 않았습니다. 혼자서 집을 지킬 수 있을 만큼 똑똑한 아이였습니다.

"누구세요?" 하며 문을 열고 찾아온 사람을 올려다보았습니다. 오후에 내리쬐는 햇빛이 역광이 되어 비추는 바람에 얼굴을 잘 볼 수 없었지만 청색인지 회색인지 확실치 않은 제복 같은 것을 입고 있었습니다.

"꼬마 아가씨 혼자 있어?" 하는 질문에 "예." 하고 명랑하게 대답을 했습니다.

"그래? 아저씨는 미터를 조사하는 사람인데 집안에 가스 미터기 있는 곳을 안내해 줄래?"

"미터?" 아이는 그 말을 잘 몰랐지만 중요한 일을 하는 사람처럼 느껴져서 집안으로 안내했습니다.

작업을 가장한 의심스러운 행동

남자는 "부엌이 어디야?" 하고 물으면서 부엌 쪽으로 다가갔습니다. 천장 가까운 곳에 네모 상자가 있었습니다. 남자는 "저 상자 안에 번호가 쓰여 있으니까 꼬마 아가씨가 좀 봐 줄래?" 하고 아이에게 부탁을 했습니다.

아이는 '높은데 어떻게 보지?' 하는 생각에, "높은 곳에 있으니까 아저씨가 좀 들어올려 줘요." 하고 부탁했습니다. 뒤에서 남자가 안아 올려 주었기 때문에 번호를 열심히 찾았지만 보이지 않았습니다. 그런데 그보다도 정신이 들고 보니 아저씨가 이상한 행동을 하고 있었습니다. 몸을 들어올린 게 아니라 힘을 주어 자신의 몸에 밀어붙이는 행동을 하고 있었습니다. 손바닥을 꿈지럭꿈지럭 움직이는데 숨소리까지 이상했습니다.

아이는 "번호가 보이지 않아요. 엄마가 계실 때 오세요. 내려 주세요."

하고 소리치면서 몸을 비틀면서 뛰어내리려고 했습니다. 남자는 이상한 표정으로 "자, 알았어." 라고 말하고는 현관으로 나갔습니다.

한참 뒤에 돌아온 엄마에게 자초지종을 이야기하자, "큰일날 뻔했네. 무서웠지? 혼자 집을 지키고 있을 때는 누가 찾아와도 절대로 문을 열어 주어서는 안 돼. 정말 큰일날 뻔했네." 하면서 꼬옥 안아 주었습니다.

제복에 대한 신뢰를 악용하는 수단

어머니는 경찰서에 전화를 걸어 상황을 설명하고, 한숨을 돌리고 나서 딸과 이야기했습니다.

"그 사람이 어떻게 집에 들어왔니?"

"미터를 조사한다고 제복을 입고 있었기 때문에 그런 사람이라고 생각했어요."

딸아이의 대답에 어머니는 깜짝 놀랐습니다. 제복 차림으로 위장했기 때문입니다.

사실 이와 같은 경우는 10대나 20대 여성이 혼자 사는 경우에도 발생합니다. 우리들은 제복을 입고 있는 사람을 무조건 믿어 버리는 경향이 있습니다. 제복은 이렇게 신뢰의 증거도 되지만 역으로 그것을 악용하는 사람이 있다는 것을 알아 둡시다.

어떤 일이 일어날지 모르는 세상입니다. 어쨌든 어린아이 혼자 집을 지키게 할 때는 문을 확실하게 잠그고, 방문자에게는 절대로 대응하지 않도록 가르치는 것이 아이를 지키는 가장 효과적인 방법입니다.

또 이 경우처럼 이상한(의심스러운) 사건이 있었다면 반드시 경찰서에 신고해서 다음 피해자가 나오지 않도록 하는 것도 중요합니다.

Q1

혼자 집을 지키는 아이는 제복을 입고 있는 사람이라면 문을 열어 주어도 좋습니까?

Q2

언제나 '똑똑한 아이' 라고 해서 혼자 집을 지키고 있을 때 누가 찾아오면 문을 열어 주어도 좋습니까?

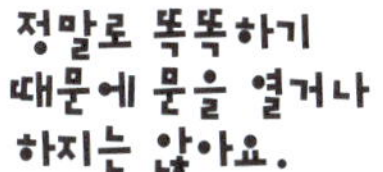

Q3

마침 대답을 해 버려서 상대방이 "미터를 보려고 하니까 문 좀 열어 줘." 라고 했다면 문을 열어 주어야 하겠지요?

A1 제복을 입고 있는 사람이라 해도 어떤 사람인지 알 수 없습니다. 문을 열어 주면 안 됩니다.

A2 아무리 똑똑한 아이라고 해도 무슨 일이 일어날지 모릅니다. 문을 열어 주지 않도록 합시다.

A3 문을 열지 맙시다. 가능하면 어른에게 전화 연락을 하든가 이웃이나 평상시 가깝게 지내는 사람에게 전화 연락을 하도록 교육시킵시다.

나이가 더 많은 아이에게 돈을 보이지 말 것

어린아이가 가지고 있는 돈은 적신호 요즘 어린아이들은 용돈이나 세뱃돈 등을 모아서 상당히 많은 돈을 가지고 있습니다. 또 부모가 일을 하기 때문에 집을 비우는 시간이 많아서 간식이나 사고 싶은 물건을 살 수 있도록 돈을 주는 경우도 있습니다.

평소에 지갑을 가지고 다니면서 자주 물건을 사는 아이는 돈을 가지고 있는 것을 다른 사람들이 쉽게 알 수 있습니다.

어른들에게는 큰 금액이 아니더라도 자유롭게 물건을 살 수 있는 돈을 가지고 있는 아이는 그것을 빼앗길 위험성을 항상 지니고 있는 셈입니다.

목표가 되지 않기 위한 포인트

1. 외출 시에 돈을 지니고 다니지 않는 것이 가장 중요합니다. 지갑에서 돈을 꺼내면 다른 사람들이 돈이 있다는 것을 알게 됩니다.

2. 지갑을 가지고 있을 경우에는 잃어버리지 않도록 끈을 달든지, 남들이 눈치채지 못하도록 방법을 연구해 봅시다.

3. 간식은 부모님이 준비해 주고, 아이들이 직접 물건을 사지 않도록 합시다.

4. 만일의 경우에 대비해서 눈에 띄는 색의 방범 버저를 가지고 다니게 하는 것도 하나의 방법입니다.

고양이에게 생선을 맡기는 격, 나쁜 일의 실마리가 되는 지갑?

어떤 남자 아이는 매일 근처의 편의점에서 간식을 사 먹었습니다. 아이는 지갑에 끈을 달아서 떨어지지 않게 바지 벨트에 차고 다녔습니다.

그러던 어느 날, '오늘은 무엇을 사 먹을까?' 하고 생각하면서 걷고 있던 중 세 명의 남자 아이들에게 둘러싸였습니다. 자기보다 몇 학년 위인 듯 몸집이 컸는데 위협적인 말투로 협박해 왔습니다.

　"어이! 너 돈 갖고 있지?" 하는 말에 손에 쥐고 있던 지갑을 주머니에 넣으려고 했지만 이미 때는 늦었습니다. "돈 내놔. 건방지게. 너 인사 안 해?" 인사하라는 협박에 어떻게 하면 좋을까 생각하는 사이에 아이들은 "너 돈 안 내놓으면 매맞는다."며 주먹을 내밀었습니다. 마지못해 지갑을 건네주자 세 명의 아이는 지갑에 들어 있던 돈을 모두 빼앗았습니다.

중대 범죄의 싹을 파악하는 것도 중요

남자 아이는 돈을 빼앗긴 충격으로 화가 났습니다. 어머니는 직감으로 "무슨 일이 있었구나." 하고 물어보았지만 아이는 좀처럼 입을 열지 않았습니다. 아이를 따뜻하게 안아 주면서 겨우 사건을 전해들은 어머니는 집 주위에도 그런 짓을 하는 아이들이 있다는 사실에 충격을 감출 수 없었습니다.

　이런 일이 쌓이면 결국에는 큰 금액을 요구하거나 남을 괴롭힐 것은 불 보듯 뻔한 일입니다. 아버지가 퇴근해서 돌아오자 온 가족이 모여 의논을 했습니다. 지갑을 가지고 다니는 것이 좋지 않다는 것, 매일 편의점에서 물건을 사는 것도 좋지 않다는 것, 그리고 돈을 가지고 있지 않았다면 이런 일이 일어나지 않았을 것이라는 점도 이야기했습니다. 또 어른에게는 큰돈이 아니지만 어린아이에게는 큰돈이라는 것과, 나이가 많고 몸집이 큰 아이들에게 둘러싸이면 몸집이 작은아이는 대항할 수 없다는 것에 대해서도 의견을 나누었습니다.

돈을 가지고 있지 않으면 빼앗기지 않는다.

돈을 가지고 있기 때문에 여러 가지 위험한 일을 당하는 것이므로 지갑을 가지고 다니지 않도록 합시다. 간식은 주말에 미리 일주일분을 사서 준비해 놓음으로써 아이가 간식을 먹기 위해 돈을 가지고 나가지 않도록 합니다. 만일의 경우 급히 연락할 일이 생기면 전화카드를 사용하도록 교육시키고, 손으로 만든 작은 천 지갑에 부모의 근무처와 가까이 살고 있는 친척의 전화번호를 적은 종이를 넣어 줍시다. 지갑 대신에 색상이 화려한 방범 버저를 사 주어도 좋겠지요. 아이에게 사용법을 여러 번 알려 주고 연습시킵니다.

어린아이에게 해를 가하는 사람은 어른뿐만이 아이라는 것을 기억해 둡시다.

방범 버저는 유괴범이나 변태자로부터 몸을 보호하기 위한 기능 말고도 여러 가지 상황에 활용할 수 있습니다. '범죄자는 소리와 빛을 싫어한다'고 합니다. 여러 가지 방범 용품을 보아도 그러한 사실을 알 수 있습니다.

방범 버저를 몸에 지니고 있으면 만일의 경우에 소리를 지르지 못해도 대신에 큰 소리를 낼 수 있습니다. 부모가 맞벌이를 하기 때문에 혼자 있는 시간이 많은 어린이에게는 방범 버저를 구해서 바지 벨트에 꼭 착용시켜 쉽게 돈을 빼앗기지 않도록 합시다.

아이가 밖에 나갈 때는 반드시 몸에 지니고 다니도록 가르칩시다. "너 손수건 챙겼니?"라고 묻는 것보다 "방범 버저 챙겼니?"라고 물어서 방범 버저 지니는 것을 하나의 습관으로 고정화시킵시다.

돈을 가지고 걸지 않는 Q&A

Q1

돈이 들어 있는 지갑을
사람들이 볼 수 있도록
가지고 다녀도 좋습니까?

Q2

갖고 싶은 것을
바로 살 수
있도록
많은 돈을
가지고 있는 것이
좋습니까?

Q3

어리기
때문에 돈을
빼앗는 나쁜
아이들은
없다고
생각합니까?

A1 지갑을 가지고 있으면 돈을 많이 가지고 있는 것처럼 생각됩니다. 남들에게 보이면 빼앗길 수 있으므로 가능하면 갖고 다니지 않도록 합시다.

A2 많은 돈을 가지고 있으면 모두 잃어버리거나 빼앗길 수 있습니다. 꼭 필요한 돈만 갖고 다니도록 합시다.

A3 혼자일 때는 착한 아이라도 여러 명이 집단으로 모이면 나쁜 짓을 할 수 있습니다. 남의 돈을 빼앗으려는 아이도 있게 마련입니다.

모르는 사람에게서 돈을 받지 않는다

돈을 보여서 관심을 끄는 수법 "돈 줄게."라고 했을 때 갖고 싶지 않은 사람은 없을 것입니다. 만일 "돈 줄 테니까 이렇게 해."라는 등 자신이 원하지 않는 것이나 바르지 않은 일을 요구한다면 어떻게 할까요?
이럴 경우 아무리 돈이 갖고 싶어도 그 요구를 확실하게 거절할 수 있는 용기가 필요합니다.
어린아이에게 모르는 사람이 "돈 줄 테니까…"라고 말하며 이상한 일을 요구한다면 그 아이는 위험한 상황에 처해 있다고 해도 과언이 아니겠지요?

돈을 받지 않는 포인트

1 돈으로 시작되는 이야기에는 위험이 항상 따릅니다. 반드시 큰 함정이 기다리고 있다는 것을 기억해 둡시다.

2 얼떨결에 대답을 해 버렸다 해도 수상한 사람이라고 생각되면 단호하게 거절하는 용기를 가집시다.

3 돈을 받은 것이 약점이 되어 부모님이나 경찰서에 이야기하지 못하게 됩니다. 이유 없는 돈은 절대로 받지 맙시다.

4 돈을 미끼로 해서 본색을 드러내는 나쁜 사람도 무섭지만, 폭력을 가하는 변태자는 더 무섭습니다. 가까이하지 않는 것이 제일 중요합니다.

호기심과 불안의 딜레마

어느 날 오후 여자 아이 둘이 역 근처의 뒷길을 걷고 있었습니다. 그때 멈추어 서 있던 자동차의 그늘진 곳에서 남자 한 사람이 이쪽을 보고 있었습니다. 그 남자는 두리번두리번 주위를 둘러보고 다른 사람들이 없는 것을 확인한 뒤 여자 아이들에게 접근했습니다.

“저 부탁이 있는데⋯⋯.”

여자 아이들은 서로 얼굴을 쳐다보았습니다.

“아저씨가 돈 줄 테니까 내 부탁 좀 들어줄래?”

“예? 뭔데요?”

그러자 남자는 “잠깐 이리 와 봐.” 하면서 차의 그늘진 곳으로 손짓을 했습니다. 두 아이는 손을 잡은 채 ‘뭘까?’ 하고 생각했습니다.

남자는 두 아이에게 지폐를 여러 장 보이면서 “이거 줄 테니까 부탁 좀 들어 줄래? 잠깐이면 돼.” 하고 말했습니다. 한 아이가 손을 내밀어서 돈을 받아 들고 다른 아이에게 귓속말로 속삭였습니다.

“돈을 줘서 받긴 했는데 무섭지? 어떻게 할까?”

“하지만 이상해. 어떻게 하지?”

정체를 드러내는 변태자

“잠깐만 이쪽으로 와. 그냥 따라오면 돼. 보여 줄 것이 있으니까.”

“보기만 하면 된대. 뭘까?” 두 아이는 자동차의 그늘진 곳으로 다가갔습니다. 남자는 주위를 둘러보더니 갑자기 바지의 지퍼를 내렸습니다. 그리고 신체의 일부를 손으로 만지기 시작했습니다. 둘은 깜짝 놀라 바짝 긴장했습니다. 돈을 받은 아이는 “정말 기분 나쁜 일이야.” 하면서 받아서 주머니에 넣었던 돈을 남자에게 내던졌습니다. 다른 아이가 “도망쳐!” 하고 외친 순간 아이들은 달리기 시작했습니다. 쫓아올까 봐 무서워서 필사적으로 도망쳤지만 다행히 남자는 쫓아오지 않았습니다.

두 아이는 씩씩 숨을 몰아 쉬면서 전철역 앞의 경찰에게 갔습니다. 그러나 경찰관 아저씨는 길을 묻는 사람을 상대하느라 바빠 보였습니다.

"어떻게 하지?"

"말하지 않는 것이 좋겠어."

둘은 그렇게 이야기하고 집으로 돌아갔습니다.

마음에 남는 커다란 상처

돈으로 유혹했던 남자가 한 짓에 아이들은 큰 충격을 받았습니다. 집으로 향하면서 이것을 부모님에게 이야기해야 하는지 말아야 하는지 생각해 보았습니다. 돈을 받지 않았던 아이가 "이야기하는 편이 좋지 않을까?" 하고 말하는 데 비해 돈을 받았던 아이는 "내가 돈을 받은 것이 들켜 버리면 곤란하잖아."라면서 거부하는 바람에 약간의 대립이 생겼습니다. 그러나 결국 '아무에게도 이야기하지 않기'고 서로 약속했습니다.

한참 동안 아이들은 우울했습니다.

시간이 꽤 지나고 난 뒤에 돈을 받았던 여자 아이의 부모가 아이의 주머니에 남아 있던 돈을 발견했습니다. 돈의 출처를 묻는 과정에서 아이에게 충격적인 사건을 전해 들은 부모는 경찰서에 신고했습니다.

부모나 친척들이 주는 애정 표시로서 세뱃돈이나 용돈을 받는 것은 아이들에게 매우 즐거운 일입니다. 그러나 모르는 사람이 갑자기 돈을 준다면 그 속셈은 따로 있습니다. '돈 대신에 무언가를 요구하는 것'으로서, 반드시 무슨 떳떳하지 못한 이유가 있습니다.

아무도 없는 곳에서 그런 일을 당하는 것은 무서운 일입니다. 유감스럽긴 하지만 '변태자'라고 불리는 이상한 사람이 있는 것도 사실입니다.

모르는 사람이 돈을 준다고 유혹해도 대답하지 말고, 돈을 받는 일은 더더욱 해서는 안 됩니다.

모르는 사람이 말을 걸지 않게 하기 위한 Q&A

Q1

모르는 사람이 돈을
주겠다고 말하면
받아도 좋습니까?

Q2

사람들이
없는 곳으로
끌고 가려고
하면 어떻게
합니까?

Q3

이상한 짓을
하는 사람이
있어도
어른들에게
말하지 않는
편이
좋습니까?

A1 모르는 사람이 공짜로 돈을 주면 그 대신에 무언가를 해 주어야 합니다. 모르는
사람이 그런 말을 해도 "필요 없어요."라고 무시하고 그 자리를 떠납시다.

A2 어린아이를 사람들이 없는 한적한 곳으로 데리고 가려고 하는 사람은 나쁜 짓을
하는 사람입니다. 뛰어서 도망치도록 합시다.

A3 다른 아이들이 이상한 짓을 당할지도 모릅니다. 집안의 어른들에게 말씀드리고
경찰서에 신고하도록 합시다.

모두가 부러워하는 물건이기에 목표가 된다

남들이 부러워할 만한 물건을 가지고 무방비 상태로 걷지 않는다

소프트 게임이나 인기가 있는 물건, 장난감 등 어린아이들이라면 누구나 가지고 싶어하는 물건은 누군가에게 빼앗길 위험이 있습니다.

남들이 부러워할 만한 물건을 새로 사서 내용물을 알 수 있는 포장째 보란 듯이 가지고 걷는 것이 얼마나 위험을 부르는 일인지 잘 판단해야 합니다. 가지고 다닐 물건의 형상을 파악해서 부득이하게 가지고 걸어야 할 때의 보관법이나 넣을 수 있는 가방 등을 챙깁니다. 길을 걸을 때의 주의 사항을 항상 유념하여 안전을 확인하는 등 피해를 당하지 않도록 하기 위해 온 가족이 의논하여 항상 머릿속에 기억해 두어야 합니다.

목표가 되지 않기 위한 포인트

1. 내용물을 알 수 있도록 물건을 가지고 다니는 것은 절대 금물입니다. 중요한 것은 배낭에 넣어 가지고 다닙시다.

2. 걸을 때는 전후를 잘 확인하고, 자동차나 자전거, 오토바이가 다가오면 멈추어 서서 상황을 살핍시다.

3. 위험하다고 느꼈을 때 피해서 들어갈 수 있는 가게를 항상 머릿속에 기억하고 다닙시다.

4. 항상 다니는 길에서 위험한 장소나 특히 신경 써야 할 장소를 확인해 둡시다.

상습범은 언제나 간단하게 뺏는다

인기 있는 소프트 웨어 제품을 새로 출시하는 날은 아침 일찍부터 가게 앞에 길게 줄을 늘어섭니다. 초등학교 남자 아이가 간신히 상품을 구입한 뒤에 빨리 집에 돌아가 게임을 하려고 서둘러 걷고 있었습니다. 손에는 유명한 가게의 쇼핑백이 들려 있었습니다. 아는 사람들은 다 알 수 있는 물건이었습니다.

공원을 지나는 순간 갑자기 앞에서 중학생 정도의 남자 아이 둘이 나타나 자전거로 길을 가로막았습니다. 주위에는 사람들이 아무도 없었습니다. 차나 사람들의 왕래가 뜸한 장소였습니다. 그 아이들은 앞뒤를 자전거로 둘러쌌습니다. 한동안의 말싸움 끝에 갑자기 뒤에서 머리를 얻어맞고 한손으로 머리를 감싸안는 순간 들고 있던 물건이 미끄러져 내렸습니다. 앞에 있던 중학생 아이가 얼른 물건을 집어들고는 "됐다!" 하더니 자기의 자전거 앞 바구니에 집어넣고 달리기 시작했습니다. 쫓아가려는데 뒤에 있던 아이가 반대 방향으로 도망쳤습니다. 둘 다 매우 능숙한 솜씨였습니다. 남자 아이는 결국 어느 쪽도 쫓아가지 못하고 멍하니 그대로 서 있었습니다.

범죄 행위를 용서하지 않는 태도

집에 돌아와 아무 말도 하지 않고 방에 틀어박혀 있자 이상하게 여긴 어머니가 물었습니다.

"소프트 게임 산 거 어디 있니?"

"묻지 마. 저리 가."

"사 가지고 온 거 있지? 소프트 게임은 어쨌니?"

"그런 거 없어. 그런 이상한 것 없어."

아이가 유난히 짜증을 부리며 화를 내자 어머니가 캐물었고, 아이는 결국 물건을 빼앗긴 것을 털어놓았습니다. 경찰서에 가자고 어머니가 재촉해도 아이는 고집스럽게 말을 듣지 않았습니다. 한참 동안 아이를 달래던 어머니가 단호하게 말했습니다.

"쓸데없는 일이지 몰라도 신고는 해 두자. 이것은 범죄 행위야. 잠자코 있으면 아무 일도 없는 것처럼 생각되지만 나쁜 짓을 당하고도 가만히 있으면 지는 거야."

결국 아이는 어머니와 함께 경찰서에 가서 사실을 이야기했습니다. 남자 아이에게 자세한 경위를 물은 경찰관은 상당히 숙달된 범행 수법이라고 했습니다. 물건을 빼앗아 간 아이들을 잡을 수 있을지, 그 소프트 게임을 찾을 수 있을지는 별개의 문제입니다. 그러나 이것은 어디까지나 '강도 짓'이라는 명백한 범죄 행위이며, 가만히 보아 넘길 일이 아닙니다.

목표가 되지 않는 방법을 가족 모두가 생각한다

온 가족이 모여 '어떻게 하면 이런 피해를 당하지 않을까?' 하고 의논하다 보니 항상 기억해야 할 것이 많이 있었습니다. 중요한 물건은 배낭에 넣어 다니고, 길을 걸을 때는 앞과 뒤를 잘 보도록 하며, 자전거나 오토바이가 접근해 오면 일단 멈춰서서 상황을 살핀 뒤에 위험하다고 판단되면 알고 있는 가게나 편의점으로 도망칠 것. 잘 다니는 길을 부모와 함께 걸어 보고 어느 곳에 특히 신경을 써야 할지 잘 확인합시다.

범죄를 용서하지 않는 적극적인 자세

어머니가 생각해 낸 방법에 대해서도 다시 생각해 봅시다. 이 사건에 대해 침묵하고 있었다면 아이는 분하다는 생각을 지울 수 없었을 겁니다. 아이는 경찰 아저씨와의 대화와 가족 회의를 통해 부모님이 한층 믿음직스러워졌고 나쁜 일에 용기를 가지고 대항할 수 있는 용기도 생겼습니다.

패해를 당하지 않기 위해서도, 비열한 범죄를 용서하지 않기 위해서도 적극적인 자세가 중요하다는 것을 알았습니다. 그리고 모든 일은 그런 용기에서 시작된다고 생각하게 되었습니다. '아이는 어른의 거울'이라고 합니다. 어린이들은 부모의 대응 방법을 그대로 배우게 됩니다.

인기 상품을 가지고 있을 때 Q & A

Q1 모두가 가지고 싶어하는 것을 겨우 샀는데 그것을 누군가에게 빼앗겼다면 어떻게 합니까?

Q2 중요한 것을 그 상점의 쇼핑백이나 포장지에 싸서 그대로 가지고 걸어도 좋습니까?

Q3 누군가에게 무엇을 빼앗겼을 때 어른들에게 말하지 않고 가만히 있어도 좋습니까?

A1 물론 그것은 도둑(강도)입니다. 경찰서에 신고합시다. 또 빼앗기지 않으려면 어떻게 하면 좋은가를 아이와 함께 잘 생각해 봅시다.

A2 쇼핑백이나 포장지를 보고 곧바로 어느 가게에서 샀는지 알 수 있으면 누군가에게 빼앗길 위험이 있습니다. 반드시 배낭이나 가방에 넣도록 합시다.

A3 집안의 어른들에게 바로 이야기합시다. 남의 물건을 훔치거나 빼앗는 것은 범죄 행위입니다. 가만히 있으면 그 범죄를 용서하는 것이 되어 버립니다.

사람이 집에 있어도 도둑이 들어올 수 있다

사람이 집안에 있는데도 들어오는 도둑 가족이 집안에 있는데도 도둑이 들어오는 경우가 있습니다. '가족이 이렇게 많이 모여 있는데 누가 침입하겠어?' 라는 생각이나, '워낙 높은 층이니까 아무도 들어오지 못할 거야.' 라는 생각에 문을 닫아 걸지 않는 가족이 많이 있습니다. 또는 지역 자체가 안전하다고 해서 열쇠를 잠그지 않는다거나 현관을 열어 둔 채로 태평하게 지내는 집도 있습니다. 어떤 경우라도 '지금까지는 안전했으니까' 라는 이유로 열쇠를 채우지 않는 습관이 들지 않도록 주의를 기울입시다. 그 틈을 타서 도둑이 침입할 수 있습니다. 설마 도둑의 침입을 스스로 허락하고 싶지는 않겠지요?

집안에 있으면서 도둑맞지 않기 위한 포인트

1 지금까지 안전했던 지역이라도 결코 방심해서는 안 됩니다. 반드시 열쇠를 잠그도록 합시다.

2 공동 주택의 위층이라고 해도 안심할 수 없습니다. 문은 물론 베란다나 창문도 확실하게 잠그도록 합시다.

3 외출할 때뿐만이 아니라 집에 있을 때에도 반드시 곧바로 문을 잠그도록 합시다.

4 문을 잠그는 것은 최소한의 필요한 조치입니다. 가능하면 "철저하게 문을 잠그도록 합시다."

도시에서 지방으로 넓어지는 활동 범위

주민들이 서로간의 얼굴을 알고 있어서 모르는 사람이 들어오면 곧 알 수 있는 지역이라면 아직까지는 안전하다고 말할 수 있습니다. 누구라도 부담 없이 남의 집에 방문할 수 있는 이웃사촌이라는 것은 그 지역 사람들끼리의 단결이 잘된다는 좋은 효과가 있습니다.

그러나 최근의 치안 상황을 보면 '지금까지는 아무 일도 없었으니까'라는 식의 통상적인 상식이 통하지 않는 시대라는 점을 생각하게 됩니다.

대도시에서는 공구로 억지로 문을 여는 도둑이 늘고 있지만 교외나 지방에서는 아직까지도 안전하다는 이유로 열쇠를 채우지 않는 가정들이 많기 때문에 도둑은 그런 곳으로 점점 활동 범위를 넓히고 있습니다.

원래 지방에서는 열쇠를 잠그지 않는 가정들이 많습니다. 집의 정원이 넓어서 도둑이 침입해도 눈치채지 못하는 경우도 있고, 대도시처럼 집 근처에 은행이나 현금 자동 지급기가 갖추어져 있지 않기 때문에 집에 현금을 보관하고 있는 경우가 많아 목표가 되기 쉽습니다.

문을 잠그지 않는 집을 노리는 도둑 – '사람이 있지만 빈집처럼 보이는 경우'

지금까지 도둑은 사람이 없을 때 침입해서 물건을 훔쳤지만, 목욕탕에 있을 때나 가족들이 식사를 하고 있을 때, 밤에 잠을 자고 있을 때 등 사람들이 있는데도 상관하지 않고 금품을 훔치는 경우가 늘어나고 있습니다.

아파트나 연립 등 공동 주택의 위층이기 때문에 문을 잠그지 않는 사람들이 많다는 보고가 있습니다. 2층 이상이 되면 문을 잠그고 있는 확률이 낮다는 것입니다. 특히 베란다 문을 잠그는 가정은 매우 적습니다. '8층이니까', '14층이나 되니까 상관없겠지' 하는 방심은 금물입니다. 비상 계단이나 이웃집의 옥상 또는 창문을 통해 침입할 수 있으므로 건물의 어느 층도 안전하다고 할 수 없습니다. 항상 문을 잠그는 일을 잊지 말도록 합시다.

문의 손잡이를 돌려서 문이 열려 있는지 아닌지를 확인하는 도둑들이 있다는 것을 알아둡시다. 쇼핑을 하고 돌아와서 지갑을 현관의 신발장 위에 놓아 두었는데 어느 틈에 없어져 버리는 경우가 있습니다. 특히 요리를 하거나 텔레비전을 보고 있을 때는 현관에서 누군가가 들어와도 알아차리지 못하는 경우가 많습니다. 어린아이가 침입자를 보고 너무 놀라서 소리치지 못하고 어머니에게 매달릴 수밖에 없는 경우도 있습니다. 도둑이 손가락을 입에 대고 "쉬-"라고 한다면 어떨까요? 또는 사람이 있는 것을 두려워하지 않고 침입한다면 어떨까요?

도난 피해로 끝나면 그런 대로 괜찮지만 사람에게 강압적인 피해를 가한다면 큰일이겠지요?

가족들이 함께 있을 때라도 반드시 문을 잠그도록 해야 합니다.

집안에 현금이나 패물이 조금도 없는 집은 없습니다. 결국 어떤 집이라도 도둑이 들 가능성이 있는 것입니다. 도둑이 들어오지 못하도록, 도둑이 들어올 생각을 할 수 없도록 사전에 주의합시다. 열쇠를 채우는 것은 당연한 일이지만 가능하면 두 개의 잠금 장치를 하는 편이 좋겠지요?

도둑의 피해를 당한 가정에서는 사건이 일어난 뒤에야 자물쇠를 교환하거나 방범 용품을 설치합니다. 그러나 피해를 당하기 전에 그런 일을 했다면 피해를 미연에 방지할 수 있었을 것입니다.

사전에 대책을 세우는 것과 사후에 대책을 세우는 것 중 어느 쪽을 선택하고 싶습니까?

도둑이 들어오지 못하게 하기 위한 Q&A

Q1 집안에 가족이 있으면 도둑이 들어오지 못할 것이라고 생각합니까?

Q2 모든 가족이 돌아올 때까지는 열쇠를 잠그지 않아도 좋습니까?

Q3 자기 집은 도둑이 들어오기 쉬운 집이라고 생각합니까?

A1 현관이나 베란다 문의 열쇠를 잠그지 않으면 집안에 사람이 있어도 도둑이 들어올 수 있습니다.

A2 도둑은 집안에 사람이 있어도 들어오는 경우가 있기 때문에 항상 열쇠를 잠가두도록 합시다.

A3 부모와 아이가 집 밖에서 객관적으로 보아 우리 집이 도둑이 들어오기 쉬운 집인지, 어느 곳이 침입하기 쉬운 곳인가를 생각해 둡시다.

화재나 사고 시 무사히 피할 수 있도록 침착하게

온 가족이 함께 피신 방법을 결정해 두자 만일 이웃집에서 화재가 발생했다면 어떻게 할 것인가에 대해 온 가족이 모여 서로 의견을 나누어 본 적이 있습니까?

소화기나 손전등 등의 점검은 물론이고 긴급 사태가 발생했을 때 어떻게 하면 무사하게 피신할 수 있는가를 서로 상의해서 결정해 두는 것은 매우 중요한 일입니다.

특히 공동 주택은 출입구나 계단이 좁은 경우가 많습니다. 평소에 기회를 만들어서 비상구나 피난 경로 등을 잘 확인해서 몸으로 확실히 체험하게 하고, 만일 재해 등이 발생해서 정전이 된 경우라도 침착하게 피신할 수 있도록 합시다.

화재나 사고로부터 몸을 지키는 포인트

1 가까운 장소에서 화재가 일어났다면 어떻게 피신할 것인가를 가족들이 의논해서 정해 둡시다.

2 만일의 경우에 피할 수 있는 길이나 비상구, 피난로 등을 미리 가 봄으로써 몸이 기억할 수 있도록 해 둡시다.

3 긴급 사태 시에 피할 집이나 장소를 정해 두면 만일의 경우에 가족들이 서로 연락할 수 있습니다.

4 화재의 발생 원인이 되는 것에 신경을 쓰고, 화재가 발생하면 큰 소리로 가까운 이웃에 알리는 연습을 합시다.

몸이 기억할 수 있게 해 둔다

근처에서 화재나 어떤 사고가 발생했을 때 어떻게 하면 안전하게 피신할 수 있을까에 대해 의견을 나누고, 온 가족이 함께 화재 훈련을 해 볼 것을 권합니다.

특히 대피할 수 있는 길이 한정되어 있는 주위 환경이나 공동 주택 등에서는 피난 경로를 확실히 파악해 두는 것이 중요합니다. 비상구나 피난 경로는 실제로 그곳까지 걸어가 봄으로써 몸이 기억할 수 있도록 합시다.

비상 계단 등은 정전 시에는 암흑이 됩니다. 따라서 계단의 수를 확인하고 머릿속에 입력해 두면 좋겠지요. 난간이나 벽을 짚고 내려갈 때는 계단이 몇 개, 층계에서 몇 보를 걸으면 되는지를 기억해 두면 만일의 경우 어두워서 보이지 않더라도 내려갈 수 있습니다.

만일의 경우 피해 들어갈 수 있는 장소를 정해 둔다

긴급 사태 때 대피할 집이나 장소를 생각해서 미리 정해 둡시다. 잘 알고 있는 집이나 근처의 상점 등 무슨 일이 발생하면 이 장소에서 만나자고 하는 약속을 평상시에 정해 둘 필요가 있습니다.

만일 긴급 사태가 발생해서 가족들 간에 연락이 되지 않을 경우에는 할머니 댁이나 친척, 아는 사람, 친구 집 등 연락이 될 수 있는 장소를 정해 두고 서로 연락할 수 있도록 한다면 안심이겠지요?

집에서는 반드시 소화기나 손전등을 점검한다

항상 가정에 비치되어 있는 소화기의 점검을 게을리하지 맙시다. 손전등은 어린아이도 사용할 수 있는 크기의 것을 준비해 둡시다. 만일의 경우 현관 이외의 장소로 탈출하는 경우를 예상해서 방화 훈련을 해 두면 좋겠지요?

만일 화재 시에 대피해 들어갈 수 있는 장소를 착각하면 구조가 충분히 가능한 상황인데도 구조를 할 수 없습니다. 따라서 주방이나 난방 기구 등에서 불씨가 올라올 경우에는 어느 쪽으로 피신하면 좋을지를 평소에 미리 확인하고 연습해 두는 것이 중요합니다.

"불이야!" 하고 큰소리로 알리는 연습을 한다

화재가 일어날 수 있는 경로를 엄중하게 주의하는 것은 물론, 어린아이가 석유 난로나 라이터 등을 만지지 않도록 평상시에 잘 이야기해 둡시다.

또 화재가 발생한 경우에는 아이들에게 가까운 어른에게 화재 사실을 알리도록 교육시킵시다. 불이 난 것을 알았다면 어쨌든 곧 피할 것. 이웃이나 근처의 집으로 뛰어들어가서 큰소리로 "불이야!" "소방차!"라고 소리치도록 교육시킵시다. 먼저 "불이야!"라고 외친 뒤에 "소방차를 불러 주세요!"라고 덧붙이면 주위 사람들에게 위급한 사태를 확실하게 알릴 수 있습니다. 순간적으로 크게 소리를 지르는 것은 매우 어려운 것입니다. 연습을 할 때 집에서 큰소리를 지르면 이웃에게 피해를 끼치게 되므로 방음 장치가 된 방이나 이불 속에서 큰소리를 지르는 연습을 시킵시다. 뱃속 깊은 곳에서부터 큰 소리를 내는 방법을 가르치면 만에 하나 발생할 수 있는 위급 상황에서 아이를 지킬 수 있습니다.

상처를 입거나 환자가 발생했을 때는 119번에 전화하도록 가르친다

119번에 전화하는 방법도 연습을 시킵니다. 어린아이라도 똑똑한 아이나 고학년 아이들은 충분히 대응할 수 있을 것입니다. 몇 번이고 상황 설정을 해서 확실히 머릿속에 기억하도록 합시다. 결코 헛된 일은 아닙니다. 119번으로 전화를 걸면 일문일답식으로 질문이 되기 때문에 침착하게 대답할 수 있도록 하는 것이 중요합니다.

그러기 위해서는 우선 천천히 심호흡을 하는 것이 좋겠지요? 순간적으로 아이가 주소를 잘못 말하지 않도록 전화 옆에 큰 글씨로 주소를 써 놓은 종이를 붙여 두는 것도 좋겠지요?

근처에서 화재가 발생했다면 Q & A

Q1

집안의 어느 장소에서
화재가 발생했다면
어느 방향으로 피할
것인지를 알고 있습니까?

Q2

불이 난 것을
알았을 때는
먼저 뭐라고
소리치면
좋을까요?

Q3

긴급 사태
시에 대피해
들어갈
집이나
장소를
알고
있습니까?

A1 불이 날 가능성이 있는 곳을 평상시에 확실하게 점검해서, 불이 나면 어느 쪽으로 피하면 좋을지를 가족들이 확인해 둡시다.

A2 "불이야!" "소방차를 불러 주세요!" "119!" 등 크게 외쳐서 가까운 어른에게 불이 난 것을 알리고 소방차를 부르도록 합니다.

A3 위급한 상황이 발생했을 때 모일 수 있는 집이나 장소를 평소에 결정해 둡시다.

화재 시 연기가 나면 피하는 것이 최우선

방화 준비와 모의 실험이 기본 평상시에 '방화 준비'를 확실히 하는 차원에서 언제 어디에서 어느 정도의 불이 발생했을 때 어떻게 대처할 것인가 하는 모의 실험을 가족이 다함께 연습해 보는 것이 중요합니다.
방화 훈련이 필요한 이유는 작은 불인지 손을 쓸 수 없을 정도의 큰불인지 등 화재 규모에 따라 가족들이 나서서 끌 것인지 피할 것인지를 결정해야 하기 때문입니다.
이런 훈련은 집의 구조나 주위의 환경에 따라 조건이 달라지므로 반드시 모든 가정에서 생각해 볼 필요가 있습니다.

화재에 대처하는 포인트

1 불길의 정도에 따라 끌 것인지 피할 것인지를 빨리 판단해야 합니다. 불길이 천장까지 닿았으면 피하고, 그 이하라면 끌 수 있습니다.

2 불이 날 가능성이 많은 장소는 소화 방법을 확인해 둡시다. 소화기의 사용법은 가족 모두가 잘 알아 두어야 합니다.

3 집에서 불이 났는가, 집 근처에서 불이 났는가, 아니면 공동주택인가 하는 식으로 불이 난 장소에 따라 다른 피신할 수 있는 경로를 확인해 두어야 합니다.

4 불보다 무서운 것이 연기입니다. 수건이나 옷으로 코와 입을 막고 자세를 낮게 해서 도망칩니다.

우선 불을 끌 것인가 피할 것인가를 판단한 뒤 어떻게 끌 것인가를 생각한다

불이 났을 때 집이나 건물 안에 있다면 '불을 끄는 것'과 '피하는 것' 중 어느 것을 선택할 것인가 재빨리 판단해야 합니다. 불이 어느 정도로 크게 났는가, 또 소화할 수 있는 물이나 소화기가 있는가, 양동이를 준비해야 하는가에 따라 판단은 달라집니다. 부엌이나 난방 기구가 있는 곳, 전기 제품의 배선이 모여 있는 곳이나 재떨이가 있는 장소 등 불이 일어날 가능성이 있는 장소마다 '불이 났을 경우 이곳에서는 이것을 사용해서 불을 끈다'고 마음속으로 생각해 두면 좋겠지요?

가족 모두가 소화기의 사용법을 익혀 둘 필요가 있습니다.

피신 통로를 미리 확인

일반적인 판단 기준은 '소화하는 것'과 '어쨌든 피신하는 것' 두 가지로 판단해서 불길이 천장까지 치솟았다면 피신해야 합니다. 불이 천장까지 치솟았다면 최우선으로 해야 할 일이 피신입니다. 피신하는 경우에도 불이 발생한 장소와 피신 방향을 확인해야 합니다. 집에서 어느 방향으로 피신하여 어느 집에 도움을 청할 것인가 하는 것까지 세밀하게 생각해 두어야 합니다. 단지 "도와주세요!"라고 소리친다면 어떤 사태가 발생했는지 바로 알아듣기 어렵습니다. 큰 목소리로 "불이야!", "119!" "소방차를 불러 주세요!"라고 구체적으로 구조 내용을 알리는 것이 중요합니다.

또 우리 집에서 불이 난 것이 아니라 이웃집에서 화재가 발생했을 때에도 어느 방향으로 피신해야 하는가 하는지를 생각해야 합니다.

도로가 비좁고 피신할 수 있는 길이 한정되어 있는 환경이나 주택이 밀집괴어 있는 곳 특히 공동 주택에서는 확실한 피신 경로를 파악해 두는 것이 가장 중요합니다.

비상구나 피신 경로는 실제로 걸어가 체험해 봄으로써 몸이 기억할 수 있도록 합시다. 공동 주택에서는 엘리베이터를 이용하지 않도록 합시다.

145

정전이 될 때를 대비해서 비상 계단 수를 잘 기억해 둔다면 어두워졌을 때 큰 도움이 되겠지요?

연기의 무서움과 대책을 철저하게 알아 둔다

또 '불'보다 '연기'가 무섭다는 것을 이해합시다. 화재가 났을 때 대부분의 사람들이 연기를 마셔서 사망합니다. 연기는 공기보다 가볍기 때문에 천장까지 닿은 뒤에 옆으로 퍼지며 점차적으로 바닥으로 내려옵니다. 주위가 보이지 않을 경우에도 공포감이나 혼란을 느끼지 말고 손수건이나 수건(시간적인 여유가 있으면 물을 적셔서) 또는 웃옷을 벗어서 코나 입을 막고 자세를 낮게 하여 신속하게 탈출합니다. 그런데 만일 빨리 뛰어서 탈출하면 숨을 크게 쉬어야 하고 바로 그때 몸에 굉장히 해로운 일산화탄소나 뜨거운 연기가 폐로 들어갈 염려가 있으므로 절대로 뛰지 말아야 합니다. 또한 쓸데없는 말을 삼가고 피신하는 것이 최우선입니다.

목숨은 한 번 잃어버리면 영원히 찾을 수 없다

불이나 연기의 상태를 보고 '아직 괜찮다'고 판단하여 집안의 물건을 꺼내기 위해 되돌아 가면 절대로 안 됩니다. 갑자기 불길이 심하게 타올라 연기로 가득 찰 수도 있기 때문입니다. 일단 피신했다면 완전하게 소화되어 안전을 확인할 때까지 그 장소로 되돌아가서는 안 됩니다. '목숨'보다 중요한 것은 없다는 생각을 확고히 하고 냉정하게 행동할 것을 평상시에 확실히 염두 해 두도록 합시다.

가족 모두가 각오와 준비를 해야 한다

'만일'이라는 말이 있습니다. 평생에 한 번 있을까 말까 하는 '화재'라도 가족 모두의 평소의 준비와 마음가짐에 따라 결과가 크게 다릅니다. 특히 어린아이만 집을 지키고 있는 상황에서는 불이 났을 경우 어떻게 해야 할 것인가를 확실하게 교육시키는 것이 가장 중요합니다.

무서운 연기를 피하기 위한 Q&A

Q1 불이 났을 때 불을 끌 것인가 도망칠 것인가 하는 결정은 무엇으로 정합니까?

Q2 불이 났을 때 계단과 엘리베이터 어느 쪽을 이용해서 피신합니까?

Q3 불이나 연기를 보고 아직 괜찮다고 생각해서 집에 있는 물건을 가지러 들어가도 좋습니까?

A1 불이 천장까지 닿았다면 가능한 한 빨리 도망치도록 합시다.

A2 정전으로 엘리베이터가 정지되는 경우도 있습니다. 피신할 때는 계단을 이용합시다.

A3 일단 피신했으면 집안으로 들어가는 일은 절대 해서는 안 됩니다.

불이 났을 때 멍청하게 정신을 놓지 말자

불이 났을 때 옛날의 화재 원인은 성냥이 절대적이었지만 오늘날에는 라이터로 장난을 하다가 화재가 발생하는 경우가 많습니다.

요즘 주방에서 사용하는 가스레인지나 전기 쿠킹 히터, 난방기 등은 자동 점화 시스템을 갖추고 있고, 또 에어컨이나 가스 온풍기 등은 열원이 있어도 불이 일어날 수 있는 위험성이 적습니다.

그런데도 화재 사고가 줄어들지는 않는 이유는, 방화, 전기 제품 코드에서의 발화, 가연물이나 스프레이 깡통의 인화 폭발, 의료품의 표면 플래시 등 시대에 따라 화재 원인이 달라지고 있기 때문입니다.

방화 대책의 포인트

1. 성냥이나 라이터 등 화재 원인이 될 수 있는 모든 물건들은 사용한 뒤에 확실하게 소화될 수 있도록 주의를 기울입시다.

2. 전기 제품의 코드에서 불이 나는 것을 막기 위해 먼지가 낀 채 방치하거나 비트는 행위, 무리한 사용을 삼갑시다.

3. 각종 스프레이 캔은 열원에 가까이 대지 않도록 합시다. 휴대용 가스레인지의 가스통은 사용 방법대로 합시다.

4. 모피 의류는 표면이 열에 닿으면 위험합니다. 불에 가까이 가지 않도록 신경을 씁시다.

성냥이나 라이터를 어린아이에게서 멀리 둔다

만일 집안에서 성냥을 사용했다면 확실하게 끕시다(가능하면 물에 적셔서 끕시다). 또한 이것을 생활화합시다. 라이터는 여러 번 불을 붙여서 가지고 놀면 과열되어 위험하기 때문에 어린이의 손이 닿지 않는 장소에 두도록 합시다. 불이 날 수 있는 가능성이 있는 물건들을 점검해서 어린이의 손이 닿지 않도록 놓아두는 것이 부모의 책임입니다.

보이지 않는 곳에 숨어 있는 불씨

또 불씨가 없어도 '트레킹 현상' (오랫동안 습기와 먼지가 쌓여 쇠붙이 사이에 미량의 플러스와 마이너스 전류가 계속 흐르는 일)이라고 해서 전기 제품의 코드 등이 발화의 원인이 되는 경우도 있다는 것을 기억해 둡시다.

코드는 제품이나 가구의 뒤쪽에 있기 때문에 먼지가 쌓이거나 부자연스럽게 끼워져 있거나 코드를 세게 잡아당겨서 콘센트에서 떨어져 나오거나 하면 눈에는 보이지 않아도 내부에서는 단선되는 경우가 있습니다. 전기 제품의 취급에 주의해서 생각지도 않은 불씨가 되지 않도록 신경씁시다.

스프레이 깡통을 열원에 가까이하지 않는다

난방 기구 옆에 가연성 물건을 두지 않는 것도 중요합니다. 커튼이나 무심코 놓아둔 신문이나 잡지, 수건도 주의합시다. 다리미 그 자체도 불씨의 원인이 될 수 있지만 다림질을 할 때 사용하는 풀이 들어 있는 깡통을 난로 옆에 놓아두면 갑자기 폭발한다는 사실을 알아 둡시다. 집안에는 여러 종류의 스프레이 깡통이 있으므로 그것들을 열원 가까이 두지 않도록 주의합시다. 실내에서 사용하는 휴대용 가스레인지는 바르지 못한 사용법 때문에 레인지의 내부에서 열이 상승하여 폭발하는 경우가 있습니다. 특히 어린아이들이 있을 때는 충분히 주의하도록 합시다. 실외에서 사용할 때는 소화기나 소화용 물을 미리 준비해 둡시다.

조리할 때 입고 있는 옷이나 머리카락에 가스 불이 닿는 경우도 있으므로 어린아이의 머리는 잘 정리해 줍시다. 모피 옷이나 보풀이 일어난 옷은 표면에 불씨가 튀면 ‘표면 플래시’의 위험성이 있습니다. 그런 옷을 입고 있을 때는 가스레인지나 스토브, 담뱃불 등에 가까이 가지 않도록 합시다. 특히 아이들의 겨울옷은 안전성을 고려해서 준비합시다.

만일 표면 플래시가 일어나서 옷에 불이 붙었더라도 당황하지 말고 불을 뿌리거나 물이 옆에 없으면 뒹굴어서 불을 끄도록 합시다. 큰 목소리로 도움을 청하는 것도 중요합니다.

어린아이가 입고 있는 옷에 불이 붙었을 때

어린아이의 옷에 불이 붙었을 때는 곧바로 물을 뿌리든지 목욕 타월이나 모포, 소파 커버나 커튼으로 감싸서 불을 끕니다. 머리카락이나 눈썹에 불이 붙었다면 스웨터 등을 머리에서 덮는 것도 효과적입니다.

만일 혼자 있을 때 옷에 불이 붙었다면 땅이나 마루 바닥에 뒹굴도록 가르치면 위급한 상황에서도 확실한 효과를 발휘하겠지요?

어쨌든 물을 확보해 둘 것

방화에 관해서는 여러 가지 상황을 상상해서 마음의 준비와 소화에 도움이 되는 것을 확인해 둡시다. 불이 발생하지 않도록 집 주위에 타기 쉬운 물건들을 방치해 놓지 않도록 합시다. 평소에 욕조의 남은 물은 청소할 때까지 버리지 말고 바로 사용할 수 있도록 옆에 양동이를 준비해 두는 것도 좋겠지요?

또 페트병에 들어 있는 미네랄 워터도 유사시에 사용할 수 있습니다. 소화기가 없다고 생각하지 말고 소화에 사용할 수 있는 도구들을 생각해서 평상시에 준비해 두면 만일의 경우에 도움이 됩니다.

방화 대책을 세우는 Q&A

Q1 집안에 불씨가 없는 경우에는 절대로 화재가 일어나지 않을까요?

Q2 스프레이 캔의 종류에 따라서는 스토브나 불 옆에 놓아두어도 안전합니까?

Q3 만일 불이 났을 경우 소화를 위해서 무엇을 사용하면 좋을지 알고 있습니까?

A1 전기 제품의 코드에서 불이 날 수도 있습니다. 평상시에 전기 제품의 뒤쪽이나 코드에 먼지가 쌓이지 않도록 신경을 씁시다.

A2 어떤 종류의 스프레이 캔도 불 옆에 두어서는 안 됩니다.

A3 집안의 어느 곳에서 불이 났다면 어디에 있는 무엇을 사용해서 불을 끄면 좋을지를 가족 간에 서로 이야기해 둡시다.

만일의 경우를 생각해서 가구를 배치한다

모든 경우를 생각할 수 있는 방화 대책 어린아이의 방이나 아이가 머무는 시간이 긴 거실 등은 갑작스런 흔들림에 대비해서 가구 배치를 고려해야 합니다. 특히 가구가 쓰러지는 것을 방지하기 위한 용품을 사용해서 만일의 경우를 대비할 필요도 있습니다. 침대나 책상 옆에 떨어지기 쉬운 물건이 있는지, 쓰러진 가구가 문이나 창문을 막고 있지는 않는지 등을 잘 생각해서 가구를 배치합시다.

지진, 흔들림 외에 화재가 발생했을 때 피신이나 침입자를 막는 방법 등 생각할 수 있는 모든 경우를 상상한 방화 계획을 세워 두는 것이 바람직합니다.

안전 확보를 위한 포인트

1. 침대나 책상 옆에 떨어지기 쉬운 물건들이 없는지 가구의 배치를 점검합니다.

2. 쓰러진 가구가 문이나 창문을 막지 않도록 배치나 쓰러짐을 막는 용품의 이용을 고려합시다.

3. 최악의 사태가 발생했을 때는 창문이 탈출구가 됩니다. 가구의 배치에 따라 기어오를 수 있는 발판이 되도록 연구합시다.

4. 학교나 집밖의 다른 장소에서 화재가 났을 경우도 당황하지 말고 피신할 수 있도록 평상시에 방화 계획을 세워 둡시다.

화재에 대비해 피신할 수 있는 길을 두 곳 이상 마련해 둔다

갑작스런 화재에 대비해서 피신할 수 있는 장소나 피난 경로를 최소한 두 곳 이상 생각해 두어야 합니다. 베란다에 물건을 쌓아 두었다가 만일의 경우 옆문으로 탈출이 불가능하게 되지 않도록 주의하는 것이 좋습니다.

부엌이나 거실 등 불씨가 있는 장소를 중심으로 어느 곳에서 불이 났다면 어떻게 피신할 것인가 하는 '방화 계획' 을 세워 두도록 합시다.

집을 지키게 할 때는 수상한 사람의 침입도 상상해서

부득이하게 어린아이 혼자 집을 지키는 경우를 예상해서 방범 계획을 세우는 가정도 있습니다. 불씨에 충분히 주의를 기울여도 어린아이의 행동은 예측할 수 없습니다.

특히 공동 주택의 고층인 경우 옆집이나 계단으로 탈출하는 것이 불가능하기 때문에 목숨이 걸린 위급한 상황이 발생할 수도 있습니다. 생각할 수 있는 모든 사태를 상상해서 예비해 둡시다. 화재나 지진이 발생했을 때뿐만 아니라 수상한 사람이 침입했을 경우에도 피난해야 합니다. 어린아이만 있다는 것을 알고 강도가 침입하는 경우도 있을 수 있습니다. 모르는 사람이 침입해 들어오는 경우에도 탈출할 수 있도록 가르쳐야 합니다.

창문을 이용해서 탈출할 때는

어른은 탈출할 수 없는 경우라도 어린아이는 몸집의 크기에 따라 탈출할 수 있는 장소가 있을지도 모릅니다. 1층 방이라면 창문의 위치가 높아도 가구의 배치를 연구해서 어린아이가 기어올라갈 수 있도록 배치하는 것도 하나의 방법입니다.

창문 밖이 흙이나 잔디 등 부드러운 지면이라면 뛰어내려도 상처가 적습니다. 그런데 창문 밖이 콘크리트나 돌이 깔려 딱딱하다면 발자국이 생기지 않을 수 있으며 도둑이 겨냥할 수 있는 곳이기 때문에 담을 쌓는 경우도 있습니다. 창문으로 탈출할 경우에는 창문의 안쪽, 마깥쪽과 주변 상황을 잘 보고 판단합시다. 어린이의 체격이나 성격에 따라 다르지만 최악의 경우 창문밖에 탈출구가 없는 것을 상상해 둘 필요도 있습니다.

집이 아닌 장소에서의 화재 대책

어린아이가 집이 아닌 다른 장소에서 화재를 만날 경우도 생각해야 합니다. 학교라면 피신 훈련도 있고 선생님의 지시에 따르면 좋겠지만 학원 등에 있을 때는 어떻게 대처할 것인가 방화에 대해서 확실한 대책을 세워 두고 있는지 어떤지에 대해서도 확인해 두어야 합니다. 자주 놀러 가는 친구 집에서는 부모들끼리 서로 자주 연락을 취하여 방화 계획을 생각해 두도록 합시다. 어린이만 집에 있을 경우 어떤 긴급 사태가 발생했다면 어떻게 할 것인가? 집안에 있기 때문에 마음을 놓는 것이 아니라 집안에 있을 때에도 안전할 수 있기 위해서는 서로의 아이들을 지키기 위한 대책과 마음가짐이 필요합니다.

부모들이 협력해서 준비해 두면 아이들은 보다 더 안심하고 구김살 없이 자랄 수 있겠지요?

공원에 있을 때나 등하교 길 등 어린아이가 있는 장소에 따라 만일의 경우를 당했을 때 어디로 피할 것인가 하는 것을 실제로 실험합시다. 집이 가까운지 학교가 가까운지 경찰이나 아는 사람의 집 등을 점검해서 구체적인 피난 장소를 정해 두면 당황하지 않고 위기를 잘 넘길 수 있습니다. 가정에서의 방화 계획과 집 밖에서의 방화 계획을 확실히 세워 두는 것으로 위급할 때의 행동이 달라질 수 있습니다.

가족끼리 화재 훈련을 경험하고 싶다 Q&A

Q1

밤에 잠을 자는 동안 지진이 발생했을 때 침실 곁에 떨어지기 쉬운 가구나 물건은 없습니까?

Q2

현관 외에 피할 수 있는 출구가 있습니까?

Q3

집밖에 있을 때는 만일의 경우를 생각하지 않아도 됩니까?

A1 가구나 놓아둔 물건, 짐 등이 쓰러져서 상처를 입거나 도망칠 수 없는 상황이 발생하지 않도록 조사합시다.

A2 현관으로 피신할 수 없는 경우도 생각해서 피신할 수 있는 다른 장소를 찾아 둡시다.

A3 집이 아닌 곳에 있을 때도 안전하고 무사하기 위해서는 피신할 수 있는 길을 생각해 두어야 합니다.

보행 중에는 방범 버저를 몸에 부착한다

친근한 방범 버저 최근에 어린이들이 희생당하는 사건이 늘고 있습니다. 그런 현상을 반영하듯이 초등학교 어린이들이 '방범 버저'를 지니고 다니는 등 방범 용품이 아주 친근한 물품이 되었습니다.

그런데 가지고 다니기 시작할 때나 무슨 사건이 발생한 직후에는 긴장감도 있고 의식하고 있지만 아무 일도 일어나지 않으면 서서히 안심하게 되고 신변의 안전을 위해서 휴대하는 것을 소홀히 여겨 멀리 내동댕이쳐 버리게 됩니다. 사건은 바로 그렇게 방심했을 때 일어납니다. 아무 일도 일어나지 않으면 다행이지만 무슨 일이 발생했다면 되돌릴 수 없는 일이 되어 버립니다.

방범 버저 사용 방법 포인트

1. 끈 타입과 스위치 타입 등 종류에 따라 휴대 방법과 울리는 방법을 습득시킵시다.

2. 배낭이나 책가방 등에 다는 경우는 '끈 타입'입니다. 끈을 허리띠에 끼우는 고리나 손목에 연결합니다.

3. 스위치 타입은 벨트나 옷에 부착하거나 목걸이처럼 목에 겁니다.

4. 만일의 경우 건전지가 소모되면 큰일입니다. 가끔 건전지의 남은 양을 점검해서 사용 방법을 확인합시다.

외출할 때의 필수품 방범 버저

방범 버저의 휴대는 필수적으로 외출할 때 손수건이나 휴지처럼 지니고 다니는 것이 바람직합니다. 무용지물이 아니고 위험이 예측될 때 확실하게 손에 지니고 있어야 할 물건입니다.

가지고 있지만 가방 속에 있는 상태라면 만일의 경우를 당했을 때 사용할 수 없게 됩니다. 위험하다고 생각될 때는 반드시 손에 지니고 있어야 할 물건입니다.

위험이 예측될 때는

그렇다면 어린아이들에게 위험하다고 생각되는 상황이라는 것은 어떤 경우일까요?

학교나 집 등의 실내에서는 가족이나 선생님이나 그 밖의 많은 사람들과 함께 있기 때문에 가지고 있을 필요는 없습니다. 그러나 학교 내에서도 혼자서 행동할 경우에는 가지고 있는 편이 좋겠지요? 이미 서술한 것처럼 학교 안이라고 해도 안전을 보장할 수 없기 때문입니다.

특히 필요한 경우는 실외에 있을 때나 길을 걷고 있을 때입니다.

학교나 학원을 오고갈 때, 놀러 갈 때나 돌아올 때 등 집과 목적지의 사이를 이동하고 있는 시간이 가장 위험한 일을 당하기 쉽다고 할 수 있습니다.

방범 버저의 종류와 대책

방범 버저는 일상적으로 사용하는 물건이 아니기 때문에 어느 틈엔가 소홀해지기 쉬운 경향이 있습니다. 가지고 다니게 한 이상 보호자가 확실히 그 필요성을 설명하고 때때로 건전지의 남은 양을 점검하는 것과 함께 사용법을 완전히 습득시킵시다.

방범 버저는 종류에 따라서 스위치를 사용하는 것과 끈을 잡아당기면 소리가 나는 타입이 있습니다. 조작이 간단하기 때문에 휴대 방법, 만일의 경우 끈을 잡아당기는 방법이나 스위치를 사용하는 방법을 확실하게 습득시킵시다.

끈을 사용하는 타입은 초등학생용 책가방이나 가방 등에 열쇠 고리처럼 매답니다. 끈을 허리띠에 끼우거나 고리에 묶거나 팔의 움직임이 불편하지 않도록 손목에 매거나 하면 만일의 경우를 당했을 때 잡아당기는 것만으로도 소리가 나고 가방을 빼앗길 때도 소리가 나서 효과적입니다.

스위치 타입은 바지의 허리띠 고리에 붙이는 등 옷에 직접적으로 매달면 좋겠지요? 아니면 목걸이처럼 목에 걸도록 하는 방법도 연구해 볼 만합니다.

124페이지의 '나이가 더 많은 아이에게 돈을 보이지 말 것'에서도 기술했듯이 방범 버저는 어린아이가 가장 가까이할 수 있는 방범 용품입니다. 하지만 '학교에서만 가지고 있으면 되겠지.' 하는 수동적인 의식으로는 충분하지 않습니다.

아무리 편리한 용품이라도 그것을 가지고 있는 사람이 바르게 사용하지 않는다면 의미가 없기 때문입니다. 방범 버저는 사용하지 않고 끝나면 더할 나위 없이 좋은 것입니다. 소화기처럼 항상 준비해 두고 있지만 실제로 사용할 기회가 없는 것이 바람직합니다. 그것이 방범 버저입니다. 하지만 사용에 소홀한 것은 아이들만의 책임은 아니겠지요?

부모가 확실히 그 필요성을 인지하고 항상 아이에게 인식시켜 주도록 합시다. 그래서 부모가 잊어버려도 아이가 잊지 않고 챙겨서 몸에 지니게 하는 것이 바람직합니다. 완전히 생활의 일부로 받아들여서 옷을 입는 것처럼 방범 버저를 몸에 지니는 습관이 배게 합시다.

방범 버저가 어린이의 필수품이라고 할 수 있는 시대가 된 것이 안타깝습니다. 하지만 사회 상황은 점점 험난해지고만 있으니 가장 쉽게 몸에 착용할 수 있는 보호 용품인 방범 버저의 사용 방법을 습득합시다.

Q1

방범 버저의 사용법을
알고 있습니까?

Q2

방범 버저를
가지고 있는
편이 좋을
때는 어떤
때입니까?

Q3

가지고 있는
편이 좋지만
사용하지
않으면
좋은 것은
무엇입니까?

A1 몸에 지니거나 소지품에 부착하거나 손에 들거나 하는 등 여러 가지 사용법이 있습니다. 집안 식구들끼리 사용법을 확인해 둡시다.

A2 특히 혼자서 밖을 걷고 있을 때나 건물 안에서라도 혼자 행동할 때는 손에 지니고 있도록 합시다.

A3 방범 버저입니다. 놓아두고도 사용하지 않으면 좋은 것은 소화기입니다.

여행지 숙소에서는 비상구를 직접 확인한다

평상시의 마음가짐이 결정되는 비상시의 행동 영화관이나 여관, 호텔 등 많은 사람들을 수용하는 건물에는 반드시 몇 개의 비상구가 설치되어 있습니다. 그러나 비상 사태가 발생했을 때 그것들이 반드시 충분하게 기능된다고는 보장할 수 없습니다. 왜냐하면 화재나 붕괴 같은 돌발적인 사건에 사람들은 익숙하지 않기 때문입니다. 긴급 시에 냉정한 판단을 해서 적절한 행동을 취하기 위해서는 평상시 훈련을 통해서 몸에 익혀 두는 것이 필요합니다.

여행지에서 호텔이나 여관에 들어갔다면 우선 가장 먼저 비상구를 확인하는 것에 신경을 씁시다.

비상구 확인 포인트

1. 호텔이나 여관방에 들어갔다면 우선 종업원에게 비상구의 위치를 묻습니다(귀로 확인).

2. 안내도 등을 통해 위치를 확인하고 전체적으로 파악합니다(눈으로 확인).

3. 실제로 걸어가 보고 눈으로 익힙시다(몸으로 확인). 문을 열고 오른쪽인지 왼쪽인지, 출구까지는 어느 정도의 거리인지를 확인합시다.

4. 비상등의 유무, 손전등은 갖추어져 있는지, 사용할 수 있는지를 꼼꼼하게 확인합시다.

여행 첫날밤에 생긴 일

4명의 일가족이 여행을 떠났습니다. 그 근방에서 아주 평판이 좋은 숙소에 묵게 되었습니다. 담당자가 안내해 준 방은 생각했던 것보다 넓고 경치도 매우 좋았습니다.

"비상구는 저쪽을 돌아서 바로 녹색 표시가 있는 문입니다."

담당자가 손으로 비상구가 있는 쪽을 가르쳐 주었습니다.

"예, 알았습니다. 감사합니다."

아이들은 매우 기뻐했습니다. 가족이 함께 목욕을 한 뒤 맛있는 저녁을 먹었습니다. 배도 부르고 놀이에 지친 아이들은 평상시보다 일찍 잠자리에 들었고 어머니와 아버지는 여유있게 와인을 마시고 기분 좋게 잠자리에 들었습니다. 그런데 한밤중에 소란스런 소리가 들리는 바람에 어머니가 먼저 눈을 떠 보니 "피신하세요! 여러분, 일어나세요." 하는 소리가 들려 왔습니다. 통로는 어두워서 아무것도 보이지 않았고 무언가 타는 냄새가 났습니다. 모두들 놀라 일어나서 불을 켜려고 했지만 불이 들어오지 않았습니다.

"어이, 비상구는 이쪽이야!" 하고 아버지가 소리쳤습니다.

어머니는 순간적으로 당황했습니다.

"어느 쪽? 녹색 표시가 있는 쪽인가요? 모르겠어요. 아무것도 보이지 않아요!"

아버지는 낮에 담당자가 왼쪽을 가리킨 것 같아서 "왼쪽이야 왼쪽!" 하고 소리쳤습니다.

그런데 아버지는 출입구에서 밖을 보고 왼쪽이라고 생각했던 것입니다. 벽을 집고 천천히 걷는 아버지와 아이들을 데리고 어머니가 걸어가려고 하는 순간 뒤쪽에서 불빛이 보였습니다.

"어느 쪽으로 가십니까? 이쪽입니다. 비상구는 이쪽이에요."

여관 종업원이 손전등을 가지고 다가온 덕분에 겨우 비상구를 통해서 밖으로 안내되어 탈출했습니다.

가슴에 남이 있는 충격

전기 누전으로 발생한 불은 다행히 크게 번지지 않고 진화되었습니다. 겨우 방으로 들어올 수 있게 되었지만 부모들은 서로 이야기를 하면서 잠을 잘 수 없었습니다. 실제로 큰 피해 없이 끝났지만 비상구가 아닌 쪽으로 탈출하려고 했던 것이 두 사람에게는 충격이었던 것입니다.

"왼쪽이라고 했지만 사실은 오른쪽이었잖아요."

"담당자가 왼손으로 가리키고 있었기 때문에 무심코 왼쪽이라고 말해 버린 거야."

"왼쪽으로 가려고 했을 때 틀리다고 말해 주지 그랬어?"

"너무 당황해서 아무것도 생각나지 않았어요."

"정말 위험했었어요."

두 사람은 언젠가 '여행지에서는 실제로 걸어서 비상구를 확인해야 한다' 는 이야기를 들은 것이 생각났고 '이런 경우에 대비해서 몸으로 익히라는 것이구나.' 하고 깨달았다고 합니다.

몸이 기억하는 평상시의 행동

여행지나 익숙하지 않은 장소에서는 비상구를 귀로 전해듣는 것만으로는 잘 기억할 수 없습니다. 문을 열고 좌우를 살펴서 어느 쪽인가를 확인하고, 직접 걸어서 어느 정도의 거리인가 하는 것을 반드시 가족 모두가 실제로 확인해서 몸이 기억할 수 있게 합시다. 비상등이 켜져 있는가, 손전등은 사용할 수 있는가, 놓여 있는 장소는 어디인가 하는 점도 점검해 둡시다.

만일의 경우를 당했을 때 부모의 대응 상태에 따라 아이들이 느끼는 안도감의 차이는 다릅니다. 부모가 당황하면 아이들의 불안은 더 커집니다. 아이들을 지키는 부모는 언제 어떤 장소에 있어도 신뢰할 수 있는 존재가 될 수 있도록 신경을 써야 합니다.

비상구를 먼저 점검하기 위한 Q&A

Q1 여행지에서 호텔이나 여관에 머물 때 모두 확실하게 알아 두어야 할 장소는 어디입니까?

Q2 전기가 들어오지 않을 때 필요한 것은 무엇입니까?

Q3 만일 묵고 있는 곳에서 불이 났다면 어떻게 하는 것이 좋습니까?

A1 비상구입니다. 실제로 방에서 걸어서 어느 방향인가 어느 정도의 거리인가 모두 기억해 두도록 합시다.

A2 손전등입니다. 휴대 전화도 어두운 곳에서 밝게 하는 데 조금은 도움이 됩니다.

A3 당황하지 말고 침착하게 담당자의 안내를 따릅니다. 울거나 큰 소리로 소리치거나 하면 안내하는 사람의 목소리가 들리지 않을 위험이 있습니다.

지은이 사에키 유키코(佐伯辛子)

도쿄(東京) 출생. 안전 생활 어드바이저.
회사원과 서점 책임자로 근무하던 시절의 경험과 주위의 범죄 피해 사례 상담 경험이 안전 관리 전문가의 길을
걷게 했다. 여성의 위기 관리에 관한 책을 4권 출판했다. 예절 교육을 담당하는 어머니나 앞으로 아이를 낳고
양육할 젊은 여성들이 먼저 자신을 지키는 방법을 몸에 익혀 그것을 아이들에게 전하여 가르쳐 주는 것이
중요하다고 생각한다. 위험 관리나 범죄 예방 대책에 대해서 계속적인 조사 연구를 하고 있으며 텔레비전이나
신문, 잡지, 인터넷 관련 안전 지침 집필 및 일본 각지에서 강연 활동을 하고 있다. 일본의 응급 수당 보급원, 1급
방화 관리자 자격을 갖고 있다.
주요 저서로《이상한 사람, 위험한 사람으로부터 몸을 지킨다》《아버지가 딸에게 읽어 주고 싶은 '안전작법' 의
마음가짐》《혼자 사는 안전 매뉴얼(manual)》등이 있다

옮긴이 정인영
일어일문학을 전공한 뒤 전문 번역가로 활동하고 있다.
주요 번역서로《중년이 행복해지는 여섯 가지 비결》《궁합이 맞는 과일·야채 생주스》《병을 치료하는 영양 성분
가이드북》《하루 1200칼로리 성공 다이어트》《사계절 아름다운 피부 만들기》등이 있다.

엄마와 아이가 꼭 알아야 할 필수 안전수칙 38가지

초판 1쇄 인쇄 ㅣ 2003년 6월 15일
초판 1쇄 발행 ㅣ 2003년 6월 20일

지은이 ㅣ 사에키 유키코
옮긴이 ㅣ 정인영
펴낸이 ㅣ 양동현

펴낸곳 ㅣ 도서출판 아카데미북
출판등록 ㅣ 제 13-493호
주소 ㅣ 서울 성북구 동소문동4가 124-2
대표전화 ㅣ 02) 927-2345 팩시밀리 ㅣ 02) 927-3199
이메일 ㅣ academybook@hanmail.net

ISBN ㅣ 89-5681-016-8 13590

잘못 만들어진 책은 구입한 곳에서 바꾸어 드립니다.

www.academypub.com